Emil Arnold Budde

Energie und Recht

Eine physikalisch-juristische Studie

Emil Arnold Budde

Energie und Recht

Eine physikalisch-juristische Studie

ISBN/EAN: 9783845742229
Erscheinungsjahr: 2012
Erscheinungsort: Bremen, Deutschland

www.unikum-verlag.de | office@unikum-verlag.de

Emil Arnold Budde

Energie und Recht

Eine physikalisch-juristische Studie

ENERGIE UND RECHT.

EINE PHYSIKALISCH-JURISTISCHE STUDIE

VON

DR. E. BUDDE.

BERLIN.

CARL HEYMANNS VERLAG.

1902.

Vorwort.

Die in den folgenden Zeilen niedergelegten Betrachtungen verdanken ihren Ursprung der Anregung, welche durch den bekannten seit 1895 spielenden Streit über die Körperlichkeit der Elektrizität und über die Anwendung des Begriffes Diebstahl auf die Elektrizität gegeben wurde. Sie beschränken sich aber nicht auf die Rechtsverhältnisse der Elektrizität; diese erscheinen in ihr vielmehr als Nebensache, und die Kritik der Grundlage des Reichsgerichtsurteils vom 20. Oktober 1896 bildet nur eine kleine, allerdings unvermeidliche Episode. Die konsequente Betrachtung des Begriffes Verkehrswert führt vielmehr erheblich über das Gebiet der Elektrizität hinaus und stellt an das Recht die Forderung, den Bereich seines vollen Schutzes in einem Sinne zu erweitern, der dem Gewinn des letzten Jahrhunderts an verschärften naturwissenschaftlichen Erkenntnissen entspricht.

Die Betrachtung der Verkehrswerte an der Hand der von Helmholtz und seinen Nachfolgern ausgebauten Energielehre führt zu dem Ergebnis, dass alle materiellen Werte aufs innigste mit der Energie verknüpft sind. Dem praktischen Juristen ist aber die physikalische Lehre von der Energie meist wenig geläufig, vielfach ganz unbekannt, und dies führt schliesslich dazu, dass der praktische Jurist sich in zahlreichen Fällen mit Interessen zu befassen hat, deren eigentliche Quelle und Bedeutung ihm nicht zum Bewusstsein gelangt. Es schien mir daher zweckmässig, die Werte, welche im Rechtsverkehr eine Rolle spielen, einmal von der rein physikalisch-energetischen Seite her zu beleuchten, und zwar in einer Form, welche auch für den Nichtphysiker möglichst verständlich ist. Der Jurist und auch der Volkswirt werden vielleicht einigen Gewinn davon haben, wenn ihnen die Quellen alles materiellen Wertes in der umfassenden Form gezeigt werden, die sich aus den naturwissenschaftlichen Fortschritten der letzten 60 Jahre ergiebt. Die Folgerungen, welche unmittelbar aus den Hauptsätzen der Darstellung fliessen, sind durchgeführt bis zu dem Punkt, wo mit der Aufstellung gewisser Forderungen das Gebiet des Physikers aufhört und dasjenige des Juristen anfängt. Weiter zu gehen, würde mir nicht anstehen, da ich auf dem Gebiete der Jurisprudenz Laie bin.

Mathematische Entwicklungen sind möglichst vermieden; die Darstellung des Energiebegriffes verlangt allerdings, auch wenn sie noch so populär gehalten wird, einige wenige mathematische Begriffe, doch ist von diesen nur das Nötigste aufgenommen, sodass die Darstellung dem physikalischen Fachmann sehr dürftig vorkommen wird; ich bitte dies mit der Bestimmung des Werkchens zu entschuldigen.

Uebrigens soll die Schrift anregen, nicht erschöpfen.

Berlin, im Januar 1902.

Der Verfasser.

Inhaltsverzeichnis.

Erster Abschnitt.

Energie.

A. Mechanische Energie.

§ 1. Hebungsarbeit. Cajus macht das einfachste aller Experimente: Er hebt einen Stein vom Boden, hält ihn in der Höhe kurze Zeit fest und lässt ihn dann los; der Stein fällt zur Erde.

Wenn man die Frage aufwirft, warum der Stein fällt, so werden vermutlich unter 1000 Lesern 999 die Antwort bei der Hand haben: „Weil die Erde ihn anzieht." Dieser Satz sagt aber vorläufig nichts weiter als was wir ohne weiteres sehen, nämlich, dass der Stein anscheinend eine Tendenz hat, nach der Erde hin zu fallen.

Es giebt auf die soeben gestellte Frage eine andere Antwort, die so einfach ist, dass sie fast wie ein schlechter Witz aussieht, die aber doch, richtig ausgedeutet, zu fruchtbaren Folgerungen führt. Diese Antwort lautet: „Der Stein fällt, weil Cajus ihn gehoben hat." Dass sie richtig ist, leuchtet ohne weiteres ein. Sie führt aber auch zu folgender Betrachtung: Der Stein habe ein gewisses Gewicht p, und die Höhe, auf welche Cajus ihn gehoben hat, sei mit h bezeichnet. Dann hat Cajus, indem er den Stein hob, das Gewicht p überwunden und hat dazu eine gewisse Anstrengung gebraucht. Und zwar ist diese Anstrengung offenbar um so grösser, je grösser das Gewicht p ist. Ferner hat er die Anstrengung geleistet auf die Höhe h. Sie hat also, wenn man der Einfachheit wegen voraussetzt, dass die Hebung mit immer gleicher Geschwindigkeit erfolgte, um so länger gedauert, je grösser h ist. Cajus hat also an dem Stein ein Etwas geleistet, was um so grösser ist, je schwerer der Stein und je grösser die Hubhöhe ist. Dieses Etwas nennen wir Arbeit, und die Arbeit, welche Cajus an dem Stein p geleistet hat, wird gemessen durch das Produkt p h, Gewicht mal Hubhöhe. Darin, dass wir sagen, die von Cajus geleistete Arbeit ist gleich p h, liegt ausgedrückt, dass die Arbeit einerseits proportional dem Gewicht und andererseits proportional der Hubhöhe ist.

Die besondere Art der Arbeit, welche in diesem Beispiel von Cajus geleistet wird, kann als „Arbeit gegen die Schwere“ bezeichnet werden, weil das Gewicht des Steines die Kraft liefert, die von dem hebenden Arm überwunden werden muss.

Ist der Stein einmal durch die Hebung auf der Höhe h angelangt, so ist auf ihn die Arbeit p h verwendet. Er kann dann, z. B. indem man ihn auf eine Konsole legt, in dieser Höhe festgehalten werden. Er behält dann seine Höhe bei, d. h. mit anderen Worten, die einmal auf ihn verwendete Arbeit bleibt in ihm aufgespeichert, solange er in der Höhe h liegt. Man sagt also von ihm: „Der Stein, der einmal in die Höhe h gehoben worden ist, hat in dieser Höhe einen gewissen Arbeitsinhalt, und der Wert dieses Arbeitsinhalts ist p h.“

§ 2. Lebendige Kraft. Nachdem der Stein kurze oder lange Zeit in der Höhe h festgehalten worden ist, entzieht man ihm die festhaltende Unterlage, er werde losgelassen oder langsam über den Rand der Konsole geschoben. Dann tritt die Schwere frei an ihm in Wirkung, er fällt, d. h. er nimmt eine wachsende Geschwindigkeit nach unten an. In dem Augenblick, wo er den Boden wieder berührt, hat er die ihm ursprünglich mitgetheilte Hubhöhe h verloren, dafür aber eine andere Eigenschaft erlangt: Er ist in Bewegung und kann vermöge seiner Bewegung Wirkungen ausüben. Diese Wirkungen können recht verschiedener Art sein. Für uns genügt es festzustellen, dass die wissenschaftliche Beobachtung und Theorie folgendes ergeben hat: Die Gesamtwirkung, deren der Stein fähig ist, hängt von der Geschwindigkeit ab, die er erlangt hat. Sie ist aber nicht der Geschwindigkeit proportional, sondern sie wird gemessen durch eine Grösse, welche den Namen lebendige Kraft führt und die auf folgende Weise entsteht: Man multipliziere die Geschwindigkeit mit sich selbst, multipliziere ferner mit dem halben Gewicht des Körpers und dividiere durch die Zahl, welche die von dem fallenden Stein in einer Sekunde erlangte Geschwindigkeit in Metern ausdrückt. Die so erhaltene Grösse ist die lebendige Kraft des Steines. Jeder fallende Körper auf der Erde erlangt nach einer Sekunde freien Fallens eine Geschwindigkeit von im Mittel 9,81 m in der Sekunde. Die Zahl 9,81 bezeichnet man abgekürzt durch g, der Ausdruck für die lebendige Kraft lautet also in Buchstaben $\frac{1}{2}\frac{p}{g} \cdot v^2$, wenn man die Geschwindigkeit durch den Buchstaben v bezeichnet. Die wissenschaftliche Untersuchung zeigt nun, dass ganz allgemein der Satz gilt: Wenn ein Körper in der Höhe h den Arbeitsinhalt p h hatte und wenn er dann auf die Höhe Null herabfällt, so ist in der Höhe Null seine lebendige Kraft p h.

Für diejenigen, welche die einfachsten Fallgesetze kennen, kann die folgende Rechnung zur Aufklärung dienen. Das erste Fallgesetz lautet: Die Geschwindigkeit, welche ein freifallender Körper annimmt, ist proportional der Fallzeit. Wenn er also nach einer Sekunde die Geschwindigkeit g annimmt, so nimmt er nach t Sekunden die Geschwindigkeit g t an, oder wenn wieder v die Geschwindigkeit bezeichnet, in Gleichungsform

1. $$v = g\,t$$

Das zweite Fallgesetz lautet: Die Strecke, welche ein fallender Körper in der Zeit t durchläuft, ist gleich der mit der halben Fallzeit multiplizierten Geschwindigkeit, also, wenn die Strecke mit s bezeichnet wird,

2. $$s = \frac{1}{2}\,g\,t^2$$

Da nun nach Gl. (1) $g\,t = v$ ist, so ist $g\,t^2$ offenbar gleich $\frac{v^2}{g}$, also kann man statt Gleichung (2) auch schreiben

3. $$s = \frac{1}{2}\,\frac{v^2}{g}$$

Wenn nun der Körper p vorher um die Höhe h gehoben war, so ist die Strecke, welche er durchfällt, um wieder auf den Boden zu gelangen, gleich h; in der vorstehenden Gleichung (3) kann also s durch h ersetzt werden. Thut man das, so lautet sie

$$h = \frac{1}{2}\,\frac{v^2}{g}$$

und wenn man nun noch beide Seiten dieser Gleichung mit p multipliziert, lautet sie

4. $$\frac{1}{2}\,\frac{p}{g}\,v^2 = p h$$

d. h. die lebendige Kraft, welche der Körper p im Ausgangsniveau hat, ist genau gleich der Arbeit, welche vorher auf seine Hebung verwendet wurde.

Die Physik zeigt nun einerseits, dass die Wirkungen, welche der Körper p vermöge seiner Bewegung thun kann, an jeder Stelle gemessen werden durch seine lebendige Kraft. Andererseits zeigt der in Gleichung (4) ausgesprochene Satz, dass man die ganze Fallbewegung auffassen kann als eine Verwandlung von Arbeitsinhalt in lebendige Kraft. In der Höhe h war der Körper in Ruhe, besass aber den Arbeitsinhalt p h; in der Höhe Null hat der Körper seinen Arbeitsinhalt p h verloren, dafür hat er aber eine lebendige Kraft gewonnen, die genau gleich seinem früheren Arbeitsinhalt ist und die ihrerseits wieder eine gewisse Wirkungsfähigkeit repräsentiert. Dies ist nur anders ausgedrückt, wenn wir sagen: Der Arbeitsinhalt p h hat sich durch den Fall in lebendige Kraft verwandelt. Daraus folgt aber, dass Arbeitsinhalt und lebendige Kraft nur zwei verschiedene Formen eines und desselben Phänomens sind; dies gemeinschaftliche Phänomen nennen wir Energie, und zwar bezeichnen wir das, was bisher lebendige Kraft genannt wurde, als aktuelle Energie, weil der mit lebendiger Kraft behaftete Körper p eine unmittelbare Fähigkeit besitzt, Stösse und sonstige Wirkungen auszuüben. Demgegenüber heisst der Arbeitsinhalt p h potentielle Energie. Dadurch nämlich, dass der Körper die Arbeit p h enthält, hat er in potentia die Fähigkeit zu fallen und die aktuelle Energie p h durch den Fall anzunehmen.

Die nähere wissenschaftliche Untersuchung zeigt nun, dass das im vorigen angegebene Gesetz für Bewegungen unter dem blossen Einfluss der Schwere ganz allgemein gilt. Bezeichnet man ganz kurz den Arbeitsinhalt p h eines Körpers mit A und versteht dabei unter h jede beliebige Höhe, in der er sich zu irgend einer Zeit befinden kann, bezeichnet man ebenso abkürzend seine aktuelle Energie mit L, so gilt für alle Bewegungen, die unter dem blossen Einfluss der Schwere vollzogen werden, das Gesetz, dass jederzeit die Summe A + L für einen gegebenen Körper unveränderlich ist. Wenn bei der Bewegung die Grösse A zunimmt, so nimmt L ebenso viel ab und umgekehrt. Bewegt sich ein schwerer Körper abwärts, so wächst seine Geschwindigkeit, also seine aktuelle Energie, und die in ihm vorhandene potentielle Energie A nimmt um ebenso viel ab; bewegt er sich aufwärts, so wächst A, und L nimmt entsprechend ab. Die Summe A + L, also aktuelle und potentielle Energie zusammengenommen, ist aber das, was wir soeben schlechthin die Energie des Körpers genannt haben. Unsere Betrachtung gipfelt also in dem Satz: Die Energie eines Körpers, der sich bloss unter dem Einfluss der Schwere bewegt, ist unveränderlich; die möglichen Aenderungen, welche an dem bewegten Körper auftreten können, bestehen nur darin, dass entweder aktuelle Energie sich in potentielle umsetzt oder umgekehrt.

Die Schwere allein kann daher die Energie eines Körpers niemals ändern; sie kann ihm auch aus sich keine Energie erteilen. Wenn aber eine fremde Kraft, z. B. die Muskelanstrengung eines menschlichen Armes, oder der Gasdruck einer entzündeten Pulverladung auf den Körper p wirkt, so kann die seinen Energievorrat ändern, indem sie ihn entweder hebt oder ihm eine gewisse lebendige Kraft erteilt. Ist dies aber einmal geschehen und ist der Körper p von der hebenden Hand losgelassen oder aus dem Bereich der treibenden Pulvergase entwichen, dann ist er der Schwere allein überlassen und behält die ihm erteilte Energie, so lange er der blossen Schwere unterliegt, unveränderlich bei.

§ 3. Elastizitätsenergie. Ganz ähnlich wie die Schwere verhalten sich die Wirkungen einer elastischen Feder. Der Unterschied besteht nur darin, dass die Arbeit, welche man gegen die Kraft einer solchen Feder leistet, sich nicht so einfach beziffern lässt wie die Hebungsarbeit gegen die Schwere. Wir werden daher auf die nähere Bezifferung verzichten und uns damit begnügen zu sagen: Wenn man einen Körper p an einer elastischen Feder befestigt und diese Feder durch Ziehen oder Druck, eventuell auch durch seitliche Verschiebung anspannt, so muss der Mensch, der das thut, gegen die Kraft der Feder eine gewisse Arbeit A leisten. Diese Arbeit kann auch dauernd aufgespeichert werden, indem man die Feder und den Körper so befestigt, dass sie in der gespannten Lage verharren müssen. Wenn man aber diese Befestigung nicht vornimmt oder wenn man sie nachträglich auslöst, so schnellt die Feder zurück und setzt dadurch den Körper p in Bewegung. Sie ertheilt ihm also lebendige Kraft, uud das Gesetz lautet hier ganz wie bei der Schwere: Die lebendige Kraft, welche die Feder dem Körper p und eventuell ihrer eigenen Masse erteilt, ist in jeder Stellung genau so gross wie die elastische Arbeit, welche der Körper verloren hat, um in diese Stellung zu gelangen. Wir haben also auch hier wieder potentielle Energie, welche auf der Spannung der Feder beruht und aktuelle Energie, welche der Bewegung der Feder und des an ihr befestigten Körpers entspringt, und alle Bewegungsvorgänge, welche der blossen Elastizität der Feder ihren Ursprung verdanken, gehorchen dem Gesetz: „Die gesamte Energie, d. h. die Summe aus potentieller und aktueller Energie ist unveränderlich“. Soll sie verändert werden, so gehört dazu ein Eingreifen einer Hand, welche die Feder spannt, oder irgend einer anderen Kraft, welche spannend oder bewegend auf das System wirkt. Hat aber eine fremde Kraft einem elastischen System einmal eine gewisse Energie erteilt, so wird diese Energie durch die Wirkung der elastischen Kräfte nicht mehr verändert, sondern bleibt konstant erhalten.

Aus der Gesamtheit der bisherigen Betrachtungen ergiebt sich der Schluss: Wenn an einem irdischen Körper keine anderen Kräfte thätig wären als Schwere und Elastizität, so würde die Energie desselben unveränderlich sein; es könnte nur das Verhältnis der aktuellen zur potentiellen Energie sich an ihm ändern, nicht aber die Summe der beiden.

§ 4. Energetische Dauerphänomene; Wasserfälle. Das grossartigste aller Hebungsphänomene, welche auf der Erde geleistet werden, ist die Hebung des Wassers in Wolkenhöhe, welche durch die Sonnenwärme bewirkt wird. Die Wärme, welche aus der Sonnenstrahlung stammt, bringt das Wasser zum Verdunsten, und die Wasserdämpfe steigen in der Luft empor, mit anderen Worten, die Sonnenwärme hebt mit unsichtbaren Händen täglich eine ungeheure Menge von Wasser in die Höhe der Wolken. Dort schlägt sich ein Teil desselben durch Abkühlung nieder und bildet Wolken; aus den Wolken fällt es bald hier, bald dort wieder zur Erde herab. Wenn der Wasserstrom, den die Regengüsse der ganzen Erde vorstellen, an einer Stelle konzentriert herunterfiele, so würde er das grossartigste Fallphänomen bilden, welches überhaupt auf der Erde möglich ist, und seine aktuelle Energie würde im Niveau der Erdoberfläche ganz ungeheuerliche Wirkungen hervorbringen können. In Wirklichkeit fällt das Wasser aber nicht konzentriert, sondern höchst zerstreut aus den Wolken, und die Hebungsarbeit, welche an demselben durch die Wärme gethan wurde, zerteilt sich auf so grosse Areale, dass an der einzelnen Stelle nur ausnahmsweise starke dynamische Wirkungen derselben hervortreten. Ein namhafter Teil des herunterfallenden Regens (Schnee und Hagel natürlich mit einbebegriffen) fällt aber auf Teile der Erde hinab, welche über dem Meeresniveau liegen, z. B. auf Hügel und Berge. Dieses an den höheren Stellender Erde aufgefangene Wasser rinnt nun mehr oder weniger schnell an den Bergwänden herab, vereinigt sich zu Bächen und Flüssen und fällt schliesslich in sehr gemässigtem Tempo ins Meer zurück. Hier und da aber kommt es vor, dass es einen Wasserfall oder eine Stromschnelle bildet; d. h. es ist eine Stelle vorhanden, wo der Wasserlauf auf kurzer Strecke in ein erheblich niederes Niveau fällt. Das sind die Stellen, an welchen ein grösseres Quantum von der potentiellen Energie des gehobenen Wassers in aktuelle Energie umgesetzt wird, und derartige Stellen sind für die Technik besonders wichtig, weil an ihnen ein zwar relativ kleiner, aber für uns Menschen immer noch bedeutender Teil der von der Sonne aufgewandten Hebungsenergie in technisch nutzbare Leistung umgesetzt werden kann.

Die Wasserfälle bedürfen daher hier einer etwas eingehenderen Betrachtung,

Bei jedem Wasserfall giebt es ein oberes und ein unteres Niveau; zwischen beiden besteht eine Höhendifferenz h, und das Wasser legt, indem es herunterfällt, eben diese Hhhendifferenz h zurück. Soll der Wasserfall dauernd bestehen bleiben, so muss seinem oberen Niveau in einer Sekunde beständig eine gewisse Wassermenge zugeführt werden, und vom unteren Niveau muss dieselbe Wassermenge abgeführt werden. Wir wollen annehmen, dass die Zuführung oben und der Abfluss unten mit gleicher Geschwindigkeit erfolge, so dass das zugeführte und abgeführte Wasser pro Liter die gleiche aktuelle Energie besitzen; dann können wir diese zugeführte und abgeführte Energie ausser Betracht lassen und brauchen uns nur mit derjenigen Energie zu beschäftigen, welche der Wasserfall eben durch seine Fallbewegung aus potentieller in actuelle Energie umbildet. Es handelt sich bei der hier zu führenden Untersuchung wesentlich um Feststellung derjenigen quantitativen Begriffe, die bei der mechanischen Beschreibung zu berücksichtigen sind. Um die Begriffe zu vereinfachen, wollen wir annehmen, der Wasserfall sei so gefasst, dass die ganze von ihm geförderte Wassermenge durch ein eisernes Rohr herabfliesst; in diesem Rohr kann man sich eine Turbine oder irgend eine andere ähnliche Vorrichtung angebracht denken, welche die Energie des Wassers aufnimmt, um sie für technische Zwecke nutzbar zu machen.

Dann hat zunächst der im Rohr eingeschlossene Wasserfall an jeder Stelle einen gewissen Querschnitt q.

Wenn in diesem Querschnitt das Wasser die Geschwindigkeit v hat, so geht durch denselben in jeder Sekunde die Wassermenge qv, die wir abkürzend mit dem einfachen Buchstaben i bezeiehnen. Diese Wassermenge, welche in der Sekunde durch den Querschnitt fliesst, heisst die Strömungsmenge oder die Intensität des Wasserfalles. Sie muss, wenn der Wasserfall stetig fliessen soll, notwendig für alle Querschnitte dieselbe sein. Denn man denke sich zwei übereinanderliegende Querschnitte, von denen der obere q_1, der untere q_2 heisse; wenn durch q_2 mehr Wasser flösse als durch q_1, so würde der Zwischenraum zwischen q_1 und q_2 entleert werden, es wäre also kein stetiger Fluss möglich; wenn aber durch q_1 mehr flösse als durch q_2, so würde sich in dem Zwischenraum zwischen q_1 und q_2 beständig Wasser ansammeln; also würde dieser Zwischenraum mit der Zeit immer mehr überfüllt werden, was auch nicht möglich ist.

Wenn nun die Intensität eines Wasserfalles i ist und seine Höhe h, so werden in der Sekunde i Liter von der Höhe h auf die Höhe Null befördert. Ein Liter Wasser, wiegt mit sehr grosser Annäherung 1 kg. Der Unterschied ist so gering, dass wir ihn hier vernachlässigen und schlechthin statt 1 l Wasser auch 1 kg Wasser sagen können. Es würden demnach von unserem Wasserfall, wenn das Wasser ganz ungestört strömte, in jeder Sekunde i h Kilogrammmeter potentieller Energie in aktuelle umgesetzt werden. Wenn sich aber in dem Fassungsrohr eine Turbine befindet, so nimmt diese (das Wie braucht hier nicht erörtert werden) die i h Kilogrammmeter pro Sekunde auf und setzt sie in nutzbare mechanische Arbeit um. Die hier auftretende Grösse i h heisst die Leistung des Wasserfalles. Es ist wohl zu beachten, dass die Leistung Energie pro Sekunde ist.

Wenn man nun den Wasserfall auf die Turbine wirken lässt und die Leistung der Turbine technisch benutzt, so thut man das notwendig in der Zeit, d. h. man lässt in jedem einzeln gegebenen Falle die Leistung des Wasserfalles während einer gewissen Anzahl Sekunden auf die Turbine wirken. Arbeitet die Turbine z. B. 10 Stunden am Tage, so giebt sie ihre Leistung während 36 000 Sekunden. In t Sekunden also giebt der Wasserfall, dessen Leistung gleich i h ist, an die Turbine die Energiemenge i h t ab. Diese Energiemenge ist es, welche in der Turbine verwertet wird und die an der Turbine hängende Maschinerie treiben kann.

Wegen einer später auftretenden wichtigen Analogie mag hier noch ausdrücklich auf das definitionsgemässe Verhältnis zwischen dem Begriff Energie und Leistung hingewiesen werden: Leistung ist Energie dividiert durch Zeit (Energie pro Sekunde). Energie ist Leistung mal Zeit. Ferner ist zu erwähnen, dass man für die Leistung von Alters her eine eigentümliche zweite Einheit gebildet hat: Es ist gebräuchlich, eine Leistung von 75 kgm in der Sekunde als eine Pferdestärke zu bezeichnen; die Benennung ist nicht gerade sehr passend, aber allgemein eingebürgert.

Turbinen oder ähnlich wirkende Apparate sind wie alle menschlichen Werkzeuge unvollkommen; ein Teil der ihnen vom Wasserfall zugeführten Leistung wird verbraucht, um Reibungswiderstände und andere Hindernisse, die in der Turbine selbst liegen, zu überwinden. Wenn also ein Wasserfall z. B. der Turbine eine Leistung von 100 Pferdestärken zuführt, so kann die Turbine nicht 100, sondern nur 70 bis 75 Pferdestärken nutzbar abgeben. Man unterscheidet daher zwischen der vom Wasserfall zugeführten und der von der Turbine ausgegebenen Leistung; die erstere nennt man die Bruttoleistung des Wasserfalles, die zweite die Effektivleistung der Turbine.

Schliesslich ist noch auf die Rolle aufmerksam zu machen, welche die Substanz des Wassers selbst bei dem beschriebenen Vorgang spielt. Wenn Wasser durch ein Turbinenrohr strömt, so wird die Substanz des Wassers dabei nicht geändert. Das einzige, was wirklich geändert wird, ist die Höhenlage des Wassers. Diese nimmt um h Meter ab, und dadurch hat das Wasser die Arbeitsfähigkeit, die es vor dem Herabfallen besass, verloren. Der Verlust pro Sekunde, den es erlitten, wird gemessen durch das Produkt aus Höhe und Intensität; wenn z. B. in einer gewissen Zeit 3000 l herunterfallen, so haben die 3000 kg je h Meter Fallhöhe verloren; der Gesamtverlust ist also 3000 h kgm; das ist eben die Energie, welche das Wasser im oberen Niveau besass und die nunmehr an die Turbinen übergegangen ist.

B. Wärme.

§ 1. Wärme aus Bewegung. Wir haben oben den Satz aufgestellt, dass bei allen Bewegungen unter dem Einfluss der Schwere und der Elastizität die Energie, welche einmal in einem Körper enthalten ist, unverändert bleibt. Wenn es auf der Erde keine anderen Kräfte gäbe als Schwere und Elastizität, so würde uns dieser Satz aus der täglichen Erfahrung vollständig geläufig sein. In Wirklichkeit ist uns aber das Gegenteil geläufig. Es giebt bei allen praktisch vorkommenden Bewegungen sogenannte Bewegungshindernisse, unelastische Stösse, Reibung, Steifheit der Seile, Widerstand von Luft, Wasser oder Sand etc., die jeden Augenblick scheinbare Abweichungen von dem soeben ausgesprochenen Gesetz herbeiführen. Diese Bewegungshindernisse wirken nicht auf die potentielle Energie. Ein einmal gehobener Stein z. B., den man oben auf ein Brett legt, kann sehr lange Zeit dort oben liegen bleiben, und in dem Augenblick, wo man ihn herabstösst, besitzt er noch seine volle aus der Hebung resultierende Energie. Sie wirken aber auf die aktuelle Energie, indem sie die Bewegung eines mit Geschwindigkeit behafteten Körpers hemmen. Und zwar ist diese Hemmung in den meisten Fällen eine so gründliche, dass wir gewöhnt sind, alle bewegten Körper auch ohne Aufwand irgend einer absichtlich auf die Hemmung ihrer Bewegung verwendeten Arbeit zur Ruhe kommen zu sehen. Der Stein, den wir auf den Fussboden fallen lassen, schlägt auf, erzeugt einen Schall, springt vielleicht einige Male auf und nieder, bringt Steine oder Sand zum Umherspritzen etc., liegt aber sehr bald ruhig und auch die umhergespritzten Teile kommen sehr bald zur Ruhe. Der Eisenbahnzug, den man auf horizontaler Bahn laufen lässt, ohne die Lokomotive arbeiten zu lassen, kommt von selbst zum Stehen; selbst das Geschoss der stärksten Kanonen gelangt, nachdem es sich in den Sand eingewühlt hat, sehr bald zum Stillstand, und schon ehe es auf den Boden aufschlägt, ist seine Geschwindigkeit durch den Luftwiderstand erheblich verringert. Wenn man ein Pendel bildet, indem man einen schweren Körper an einem Faden aufhängt, so sollte dieses Pendel, einmal in Bewegung gesetzt, wenn kein Widerstand da wäre, in alle Ewigkeit hin- und hergehen; zum Teil ist der Luftwiderstand daran schuld, dass dies nicht geschieht; aber auch wenn man es in einem luftleeren Raum bringt, beruhigt sich seine Bewegung noch verhältnismässig bald, weil der Faden durch seine Steifheit hemmend auf den Hin- und Hergang wirkt.

In allen diesen Fällen sieht es bei oberflächlicher Beobachtung so aus, als ob die aktuelle Energie, welche in dem bewegten Körper enthalten war, thatsächlich aus der Welt verschwunden wäre. Das ist aber nur scheinbar der Fall. In Wirklichkeit tritt überall da, wo aktuelle Energie durch Bewegungshindernisse verloren geht, etwas anderes auf, nämlich Wärme. Dass die Reibung Wärme erzeugt, weiss jeder; man kann es direkt mit den eigenen Gefühlsnerven konstatieren, wenn man mit der Fingerspitze unter kräftigem Druck über ein Tuch o. dgl. fährt. Wenn ein Seil hin- und hergebogen wird, so entwickelt es gleichfalls Wärme; bei gewönlichen Fäden ist die Menge der entwickelten Wärme zu gering, um ohne feine Instrumente wahrgenommen werden zu können; wenn man aber einen sehr steifen Draht, z. B. einen Zinkdraht, einige Mal hin- und herbiegt, kann man die Temperaturerhöhung der gebogenen Stelle ohne weiteres fühlen. Unelastische Stösse liefern gleichfalls Wärme: Man kann einen eisernen Nagel durch fortgesetztes schnelles Hämmern zum Glühen bringen. Dass der Luftwiderstand Wärme erzeugt, lehren uns täglich in deutlichst sichtbarer Weise die Sternschnuppen und Meteorsteine; sie werden glühend, wenn ihre Bewegung durch die Luft aufgehalten wird. Vorrichtungen, welche systematisch zum Aufhalten vorhandener Bewegungen dienen, wie Bremsen, entwickeln, wenn es sich um irgend grössere Kräfte handelt, namhafte Wärmemengen. Man kann z. B. mittelst einer Turbine oder einer Dampfmaschine eine drehbare Scheibe antreiben und diese Scheibe mittelst einer Bremse so festklemmen, dass die Kraft der Turbine oder Dampfmaschine nur gerade hinreicht, um die Scheibe in Drehung zu erhalten. Dann geht die ganze mechanische Energie, welche vom Wasserfall oder von der Dampfmaschine geliefert wird, durch die Reibung an der Bremse zu Grunde, aber dafür wird die Bremse heiss, und zwar so heiss, dass sie glüht und brennt, wenn sie nicht künstlich gekühlt wird.

Was hier an groben Beispielen deutlich gemacht wurde, das gilt, wie die wissenschaftliche Untersuchung zeigt, ganz allgemein auch für feinere Prozesse: Ueberall da, wo mechanische Energie durch Bewegungshindernisse scheinbar vernichtet wird, tritt Wärme auf, und zwar ist die Wärmemenge, welche bei einem solchen Prozess erscheint, stets proportional der verloren gegangenen mechanischen Energie.

Wärme misst man in Kalorien: Eine Kalorie ist diejenige Wärmemenge, welche erforderlich ist, um 1 l Wasser von 0° auf 1° C. zu erwärmen. Es ist möglich gewesen, wissenschaftlich zu bestimmen, wieviel Wärme entsteht, wenn 1 kgm mechanischer Arbeit verloren geht: Einem Kilogrammmeter entspricht der 425. Teil einer Kalorie, oder anders ausgedrückt, wenn 425 kgm verloren gehen, so entsteht eine Kalorie.

Da die Erscheinung, dass mechanische Energie in Wärme umgesetzt wird, vollkommen gesetzmässig bei allen Gelegenheiten sich wiederholt, und da die Verhältniszahl zwischen beiden immer dieselbe ist, bleibt nichts übrig als anzunehmen, dass die Wärme an die Stelle der mechanischen Energie getreten, anders ausgedrückt, dass die mechanische Energie da, wo sie scheinbar vernichtet wurde, in Wirklichkeit sich in Wärme verwandelt hat. Das heisst aber mit anderen Worten: Die Wärme ist auch eine Form der Energie, und eine Kalorie ist eine Energiemenge, welche gleichwertig ist mit 425 kgm.

Die Zahl 425 ist verhältnismässig gross; daher kommt es, dass die Wärmemenge, welche auftritt, wenn kleinere Bewegungsphänomene zur Ruhe gebracht werden, wenig merklich wird. Lässt man z. B. 1 kg aus 2 m Höhe herunterfallen, so verliert es beim Zurruhekommen 2 kgm an mechanischer Arbeit. Diese repräsentieren rund nur den 212. Teil von derjenigen Wärmemenge, die erforderlich ist, um 1 l Wasser um 1° C. zu erwärmen, und diese geringe Wärmemenge verteilt sich auf das fallende Kilo, auf den Fussboden und auf die etwa noch umherspritzenden Steine etc. Man begreift, dass dabei die auftretenden Erwärmungen viel zu klein sind, als dass man sie ohne feine physikalische Messinstrumente wahrnehmen könnte.

§ 2. Bewegung aus Wärme; Wärmemotoren: Wenn die Wärme eine Form der Energie ist, welche aus mechanischer Energie entstehen kann, so ist zu vermuten, dass man umgekehrt auch Wärme in mechanische Energie umsetzen kann. In der That ist das der Fall; es giebt ganze Klassen von Vorrichtungen, welche nichts anderes thun. Das sind die Dampfmaschinen, Gasmaschinen, Benzinmotoren etc., kurz alle diejenigen Vorrichtungen, die man als Wärmemotoren bezeichnet. In der Dampfmaschine z. B. wird zunächst durch die Hitze in den Kesseln Dampf erzeugt; dieser Dampf dehnt sich im Cylinder der Dampfmaschine aus und treibt dabei den Kolben vor sich her, welcher das Räderwerk der Maschine in Bewegung setzt. Bei seiner Ausdehnung kühlt sich nun der Dampf nachweislich ab, es verschwindet also Wärme aus ihm, und die wissenschaftliche Untersuchung zeigt, dass für jedes Kilogrammmeter Arbeit, welches von der Dampfmaschine geleistet wird, eine entsprechende Wärmemenge, nämlich der 425. Teil einer Kalorie, verloren geht. Ganz ähnlich wie der Dampf in der Dampfmaschine verhalten sich die Verbrennungsgase in Gasmaschinen, Benzinmotoren etc. Es ist weder zweckmässig noch erforderlich, hier auf die Einzelheiten derartiger Prozesse näher einzugehen, es genügt konstatiert zu haben, dass auch die Wärme eine Art der Energie ist, welche aus mechanischer Energie entstehen und sich in mechanische Energie verwandeln kann.

Die Wärme besitzt noch eine Eigentümlichkeit, auf welche hier kurz hingewiesen werden möge. Wärme verwandelt sich nämlich nur da in Bewegung, wo sie zugleich von einem Körper höherer Temperatur zu einem Körper niedriger Temperatur übergehen kann. Die Dampfmaschine z. B. arbeitet nur, solange der Dampf im Kessel heisser ist als die Stelle, an welcher der Dampf nach geleisteter Arbeit aus der Dampfmaschine austritt. Hat die Maschine einen Kondensator, so muss der Dampf im Kessel heisser sein als im Kondensator; hat sie keinen Kondensator, so muss der Dampf im Kessel heisser sein als im Auspuffrohr. Ist dies nicht der Fall, so fehlt der einseitige Druck, welcher die Maschine in Bewegung setzt. Aehnliches gilt für alle Wärmemotoren. Hieraus folgt aber, dass die Wärme um so mehr technischen Wert besitzt, je höher die Temperatur ihres Trägers ist, und daraus folgt weiter, dass die Wärme durch blosse Abkühlung, auch unter Umständen, wo sie nicht verbraucht wird, entwertet werden kann. Bei den besseren Dampfmaschinen z. B. werden etwa 18% von der Heizwärme des Kessels wirklich in mechanische Arbeit umgesetzt; 72% bleiben Wärme, gehen aber zum Teil mit dem Rauch des Feuers und mit dem Abdampf der Maschine in die Luft, und zum anderen Teil werden sie direkt durch Leitung aus dem Kessel und aus den heissen Teilen der Maschine an die Umgebung abgegeben. Diese 72% sind also für die Nutzbarkeit der Maschine verloren. Sie werden nicht verbraucht, sondern zerstreut, und nachdem sie einmal in den Wänden, in der Erde und draussen in der Luft zerstreut sind, kann man sie nicht mehr auf eine bestimmte Stelle konzentrieren, um sie dort wieder in Arbeit zu verwandeln. Sie sind also entwertet. Eine solche Entwertung findet überall da statt, wo Wärme von hoher Temperatur auf niedrigere Temperatur gebracht wird.

§ 3. Man giebt sich eine annähernde Rechenschaft

von dem Wesen der Wärme und ihrem Zusammenhang mit der mechanischen Energie, indem man annimmt, dass die Körper aus diskreten kleinen Teilchen, sogenannten Molekülen bestehen, und dass die Wärme nichts anderes ist als eine Bewegung dieser Moleküle. Wenn zwei Körper sich aneinander reiben, so stossen sie gegenseitig ihre Moleküle an und setzen dieselben dadurch in Wärmebewegung; so begreift man, dass an den Molekülen gerade soviel Energie in Form von Wärme erscheint, wie durch die Reibung aus der mechanischen Energie entnommen wird. Umgekehrt liegen die Verhältnisse in der Dampfmaschine. Hier sind die Einrichtungen so getroffen, dass die Moleküle ihre Bewegung zum Teil an den Kolben abgeben; was also der Kolben an Energie gewinnt und auf die übrige Maschinerie überträgt, das verlieren die Moleküle.

C. Chemische Energie.

Wärme kann nicht bloss in sichtbare mechanische Bewegung verwandelt werden, sondern sie kann auch dazu dienen, um chemisch verbundene Körper zu trennen oder in andere Verbindungen überzuführen. Ein Beispiel: Rotes Quecksilberoxyd besteht aus Quecksilber und Sauerstoff. Erwärmt man dasselbe, so verschwindet ein Teil der zugeführten Wärme, und das Quecksilberoxyd zersetzt sich. Man hat nachher einerseits metallisches Quecksilber und andererseits gasförmigen Sauerstoff. An Stelle der Wärme erscheint also bei diesem Prozess die chemische Trennung zweier Körper von einander. Diese Trennung repräsentiert also auch eine gewisse Energie.

Umgekehrt, wenn man Quecksilber sich mit Sauerstoff verbinden lässt, so erhält man Quecksilberoxyd und gleichzeitig entsteht Wärme. Hier ist also die Wärme an die Stelle der chemischen Trennung getreten.

Man macht sich von dem Vorgange der chemischen Trennung und Verbindung ein Bild, indem man annimmt, die Moleküle der Körper bestehen aus Elementarteilen, welche Atome genannt werden. Ein Körper, dessen Moleküle bloss aus Quecksilberatomen bestehen, ist metallisches Quecksilber, ein solcher, dessen Moleküle nur aus Sauerstoffatomen bestehen, ist Sauerstoff. Ein Körper aber, dessen Moleküle je aus einem Atom Quecksilber und einem Atom Sauerstoff zusammengesetzt sind, ist Quecksilberoxyd, die Verbindung von Quecksilber mit Sauerstoff. Die Atome des Quecksilbers haben nun zu den Atomen des Sauerstoffs eine gewisse Verwandtschaft, d. h. ein Streben, sich mit denselben zu vereinigen. Wenn dieses Streben befriedigt wird, wenn also Quecksilber und Sauerstoff sich zu Quecksilberoxyd verbinden, dann ziehen sich während des Vereinigungsprozesses die Atome des Quecksilbers und die Atome des Sauerstoffs kräftig an, so dass sie gewissermassen gewaltsam aufeinander losstürzen, um sich zu einem Quecksilber-Molekül zu vereinigen. Dadurch wird das entstandene Quecksilber-Molekül in lebhafte Bewegung versetzt, und diese Bewegung ist die entstehende Wärme. Soll umgekehrt ein Molekül von Quecksilberoxyd zersetzt werden, so muss das in demselben enthaltene Sauerstoffatom von dem Quecksilberatom losgerissen werden, und da die beiden einander anziehen, gehört dazu eine gewisse Arbeit. Wird diese Arbeit durch die Zersetzungswärme geleistet, so geht eben eine äquivalente Menge von Wärme verloren, wie oben als Versuchsergebnis angeführt wurde. Diese Betrachtung lässt sich ohne weiteres verallgemeinern. Die Atome chemisch verschiedener Körper besitzen eine gewisse Verwandtschaft zu einander und suchen deshalb mit einander in diejenige Verbindungsform zu gelangen, welche ihrer gegenseitigen Anziehung entspricht. Sollen sie aus diesen ihren chemischen Gleichgewichtslagen entfernt werden, so gehört dazu ein Aufwand von Arbeit.

Die Verhältnisse, welche bei der chemischen Verwandtschaft auftreten, sind sehr mannigfaltig. Unter allen chemischen Beziehungen ist aber eine von so überwiegender wirtschaftlicher Wichtigkeit, dass es genügt, wenn wir sie hier ausschliesslich ins Auge fassen; es ist dies das Verhältnis zwischen Kohlenstoff und Sauerstoff. Wir haben auf der Erde ungeheure Lager von Substanzen, die wesentlich aus Kohlenstoff, eventuell mit einem Zusatz von Wasserstoff, bestehen. Das sind die Steinkohlen, die Holzkohlen, das Holz, Petroleum und die etwa aus ihnen abgeleiteten Gase. Alle diese Kohlenkörper haben die Tendenz, sich mit dem Sauerstoff der Luft zu verbinden, und der Akt der Verbindung heisst „Verbrennung". Ursprünglich waren sie in der Luft in Form von Kohlensäure vorhanden. Um aus der Kohlensäure der Luft Holz, Torf, überhaupt organische Materialien abzuscheiden, war eine langdauernde Arbeit erforderlich. Wir werden später sehen, dass diese Arbeit wesentlich vom Licht der Sonne geleistet wurde. Es ist also eine grosse Menge von Arbeit Jahrtausende lang aufgewandt worden, um den Kohlenstoff aus der Atmosphäre abzuscheiden und ihn in die Form von Brennmaterial jeder Art zu bringen. Diese Arbeit ist enthalten in den noch lebenden und in den toten Pflanzenteilen und in grösster Masse in den ungeheuren Lagern von Steinkohle, Petroleum und verwandten Substanzen, welche das Innere der Erde beherbergt.

Jedes Kilo Brennholz oder Steinkohle repräsentiert demnach eine gewisse Menge von chemischer Arbeit, und diese chemische Arbeit ist eine Form der Energie.

Wenn die Kohle verbrannt wird, so verbindet sie sich wieder mit dem Sauerstoff der Luft, und die in ihr enthaltene chemische Energie kommt als Wärme zum Vorschein. Ein Kilogramm guter Steinkohle erzeugt, wenn es verbrannt wird, ca. 7500 Kalorien, und diese Wärmemenge kann nun ihrerseits durch Dampfmaschinen etc. wieder in mechanische Energie umgesetzt werden.

Die blosse Existenz von unverbrannter Steinkohle oder anderem Brennmaterial involviert demnach eine gewisse Menge von Energie pro Kilogramm.

Die chemische Energie, wie sie uns in der Steinkohle etc. zu Gebote steht, hat in eminentem Grade die Eigenschaft, sich aufspeichern und aufbewahren zu lassen. Denn die Steinkohle verbrennt nicht von selbst, sondern muss, um zu verbrennen, angezündet werden. Wenn man sie nicht anzündet, kann die Steinkohle Jahrtausende lang liegen, ohne sich mit dem Sauerstoff zu verbinden, die in ihr enthaltene Energie bleibt also auch ebenso lange aufgespeichert. Das hängt damit zusammen, dass die chemische Energie ihrer Natur nach eine potentielle Energie ist: Das Kilogramm Steinkohle enthält die Möglichkeit des Verbranntwerdens, also enthält es in potentia die Wärme, welche bei seiner Verbrennung entsteht. Demgemäss kann auch die potentielle Energie, welche in der Kohle steckt, mit der Kohle selbst transportiert werden.

D. Energie des Lichtes.

Das Licht ist wie der Schall eine Wellenbewegung, also eine Energieform. Während aber der Schall für den Transport von Energie nur eine untergeordnete Bedeutung hat, besitzt das Licht eine ganz hervorragende Wichtigkeit. Man nimmt bekanntlich an, dass das Licht durch ein besonderes Medium, den Aether, im Weltraum und in den durchsichtigen Körpern fortgepflanzt wird. Wenn ein gewöhnlicher Körper hinreichend erhitzt wird, so versetzt die Bewegung seiner Moleküle den Aether in Schwingungen, und diese Schwingungen sind die Lichtstrahlen. Selbstverständlich verliert der Körper dabei soviel Wärmebewegung wie er dem Aether mitteilt; d. h. mit anderen Worten, ein Teil von der Wärme des leuchtenden Körpers wird in Lichtstrahlen umgewandelt. Wo diese Lichtstrahlen auf einen anderen Körper treffen, da werden sie ganz oder zum Teil absorbiert und in Wärme umgewandelt. Man kann sich alle Tage davon überzeugen, dass die Lichtstrahlen der Sonne, wenn man sie auf einen dunklen Körper B fallen lässt, dort als Licht verloren gehen, und dass an Stelle des verloren gegangenen Lichtes eine Erwärmung des Körpers B auftritt.

Im grossartigen Massstabe findet dieser Prozess der Ausstrahlung und Wärmebildung zwischen der Sonne und ihren Planeten statt. Auf der Sonne werden in jeder

Sekunde viele Billionen Kalorien in Licht umgesetzt: das Licht breitet sich aus und gelangt zur Erde, und wo es auf die Erdoberfläche fällt, da wird es zum grossen Teil wieder in Wärme umgewandelt; daher die Erwärmung der Erde durch den Sonnenschein.

Das Licht kann sich aber nicht bloss in Wärme umsetzen, sondern auch in chemische Energie, und auch dieser Prozess findet auf der Erde im grössten Massstabe statt. Alle Pflanzen sind physikalisch betrachtet nichts anderes als Maschinen, welche eine besondere Einrichtung haben, vermöge deren sie mit Hülfe der Energie des Lichtes Kohlensäure zersetzen können. Sie atmen aus der Atmosphäre Kohlensäure ein, und mit Hülfe der aus dem Sonnenlicht entnommenen Energie führen sie den Kohlenstoff der Kohlensäure in Zucker, Stärkemehl, Zellstoff, Holz etc. über. Fehlt das Licht, so kann die Pflanze diese Arbeit nicht leisten, sie verkümmert. Alle unsere Vorräte an lebendem Holz sind also nichts anderes als aufgespeicherte Energie des Sonnenlichtes, und unsere Lager von Steinkohle, Petroleum etc. repräsentieren die angesammelte chemische Arbeit, welche das Sonnenlicht auf der Erde im Laufe von Millionen von Jahren geleistet hat.

E. Tierische Muskelarbeit.

Mechanisch und chemisch betrachtet ist der tierische und auch der menschliche Muskel eine Maschine, welche chemische Energie in mechanische Energie umsetzen kann. Das Tier nährt sich, d. h. es nimmt Kohlenstoffverbindungen auf, die in seinem Innern langsam verbrennen und dabei entweder Wärme entwickeln oder statt der

Wärmeentwicklung mechanische Arbeit leisten. Bekanntlich ist nicht jede Art der Kohlenstoffverbindung geeignet ein Tier zu ernähren, sondern nur gewisse bereits vorgearbeitete Kombinationen, Pflanzenteile, insbesondere Pflanzenfrüchte und tierische Fleischteile, die selbst wieder aus pflanzlichen Kohlenstoffverbindungen entstanden sind. In ihrer Eigenschaft als Nahrungsmittel wirken aber diese Stoffe immer dadurch, dass sie im Körper des Tieres verbrennen. Sie sind also hier wesentlich als Brennmaterial zu betrachten, wenn auch als teuerstes Brennmaterial, da z. B. ein Kilo Weizenmehl wesentlich mehr Vorarbeit enthält als ein Kilo Steinkohle.

Bei den höheren Tieren wird das Brennmaterial aus der Nahrung vom Blut aufgenommen und in die Muskeln transportiert; andererseits transportiert das Blut in den roten Blutkörperchen Sauerstoff in die Muskeln, und in den Muskeln findet die Verbrennung statt. Das Ergebnis dieser Verbrennung besteht aber darin, dass der Muskel sich zusammenzieht, die Knochen in Bewegung setzt und somit mechanische Arbeit leistet. Wir wissen noch zu wenig von der feineren Struktur und Wirkungsweise des Muskels, um angeben zu können, wie er maschinell wirkt, d. h. wie er die in ihm auftretende chemische Arbeit in mechanische Energie umsetzt, aber dass er es thut und dass dabei ein entsprechendes Defizit an Verbrennungswärme entsteht, das steht fest. Es genügt hier, darauf hingewiesen zu haben, dass die tierische und menschliche Muskelenergie mit der Energie, wie sie z. B. ein Wasserfall liefert, wesensgleich ist. Sie ist nur teurer, weil die Maschine, in der sie erzeugt wird, nach Verhältnis der

Leistung teurer und in der Auswahl ihrer Speisemittel wählerischer ist als z. B. eine Mühle oder Dampfmaschine. Sie ist aber auch dafür unter Umständen wertvoller, weil sie direkt von einer Intelligenz geleitet wird und deswegen für feinere Verwendungen dienstbar gemacht werden kann.

F. Elektrische Energie.

Die elektrische Energie hat eine sehr tiefgehende Analogie mit der Energie einer materiellen Strömung, z. B. eines Wasserfalls. Wir werden daher einen Teil ihrer Besonderheiten durch Vergleich mit denjenigen eines Wasserfalls klarlegen können, und wir müssen hier eine Erörterung über die auftretenden Begriffe eintreten lassen, welche der unter A. § 4 gegebenen ganz parallel läuft.

Vorab ist zu bemerken, dass der populäre Sprachgebrauch alles was im folgenden erwähnt wird, unterschiedslos mit dem Worte „Elektrizität" bezeichnet. Wir werden infolgedessen das Wort „Elektrizität" vorläufig vollständig vermeiden und statt dessen für jeden der in Betracht kommenden Begriffe eine besondere Bezeichnung einführen. Ferner ist hervorzuheben, dass z. Z. keine bestimmte wissenschaftlich beweisbare Vorstellung vom Wesen der elektrischen Vorgänge existiert. Wir haben nur Bilder, welche gestatten, uns von den wesentlichen Eigenschaften der elektrischen Erscheinungen eine auf Vorstellungen gestützte Rechenschaft zu geben. Von derartigen Bildern existieren z. Z. mehrere. Es ist aber für das Folgende vollkommen gleichgültig, welches von ihnen der Betrachtung zugrunde gelegt wird, und es soll daher der Kürze und Anschaulichkeit wegen dasjenige Bild zur

Darstellung benutzt werden, welches die bequemste, dem Nichtphysiker am leichtesten einleuchtende Darstellung gestattet. Das ist die alte Webersche Vorstellung vom Wesen des elektrischen Stromes; diese soll daher im folgenden dogmatisch vorgetragen und zugrunde gelegt werden, jedoch mit dem ausdrücklichen Hinweis darauf, dass sie erstens keinerlei Anspruch auf absolute Wahrheit erhebt und dass zweitens mit anderen Vorstellungen genau dasselbe Ziel zu erreichen wäre. Wir werden uns sogar erlauben, an einer Stelle[1]) die hypothetische Konstruktion, welche heutzutage als die wissenschaftlich bei weitem wahrscheinlichste gelten muss, der einfacheren Darstellung wegen mit Umkehrung der Vorzeichen vorzunehmen, immer mit dem Hinweis darauf, dass diese Umkehrung für den Hauptinhalt ohne Belang ist.

§ 1. Elektrische Substanz. Bei einem Wasserfall ist man sich klar darüber, dass das Phänomen des Fallens an einer bestimmten Substanz, dem Wasser, vor sich geht. Bei elektrischen Erscheinungen setzen wir voraus, dass gleichfalls eine Substanz existiert, die wir „elektrische Substanz" nennen und an der diejenige Bewegungserscheinung, welche wir als elektrischen Strom bezeichnen, vor sich geht. Die elektrische Substanz existiert in zwei entgegengesetzten Arten. Die eine heisst positive, die andere negative elektrische Substanz. Sie ist in allen wägbaren Körpern enthalten, und die verschiedenen wägbaren Körper unterscheiden sich wesentlich dadurch, dass die elektrische Substanz sich in ihnen mehr oder weniger

---

1) Seite 30.

leicht bewegen kann. Solche Körper, in denen sich die elektrische Substanz leicht bewegen kann, heissen gute Leiter, und solche, in denen sie sich wenig bewegen kann, heissen schlechte Leiter oder Isolatoren.

Die beiden Arten der elektrischen Substanz stehen in einem ähnlichen Gegensatz zu einander wie Zug und Druck; ihre Wirkungen sind genau entgegengesetzt, und wo beide zugleich wirken, annulliert die eine die andere.

Bekanntlich hat die Chemie und Physik zu dem Schlusse geführt, dass die wägbaren Körper aus diskreten sehr kleinen Teilchen, welche man Moleküle nennt, bestehen. Ebenso wie für die ponderable Materie hat man sich nun genötigt gesehen, auch für die elektrische Substanz anzunehmen, dass sie aus einzelnen sehr kleinen Teilchen besteht, welche teils negativ, teils positiv sind, und es ist von Interesse sich darüber klar zu werden, wie man sich am einfachsten den Zusammenhang zwischen den Molekülen der ponderablen Materie und den kleinsten Teilen der elektrischen Substanz vorstellen kann. Man nennt die kleinsten Teilchen der elektrischen Substanz Elektronen. Ein solches Teilchen heisst ein Elektron. Man denkt sich dieselben alle an Quantität gleich und unterscheidet zwei Arten derselben: Positive und negative Elektronen. Wo ein Elektron allein vorhanden ist, da wirkt es anziehend und abstossend, und zwar stossen gleichnamige Elektronen einander ab, ungleichnamige ziehen einander an.

Es sind nun zwischen den wägbaren Körpermolekülen und den Elektronen sehr verschiedenartige Verbindungen denkbar. Wir brauchen uns hier auf die einzelnen garnicht einlassen; es genügt vielmehr, wenn wir uns eine Vorstellung von dem machen, was in einem gewöhnlichen Metall, z. B. in einem Kupferdraht, vorhanden ist. Da denkt man sich, dass das Kupfer aus Kupfermolekülen besteht. An jedem Kupfermolekül ist ein negatives Elektron befestigt, auf unbekannte Art, aber so, dass es sich nicht von dem Kupfermolekül trennen oder entfernen kann. Ein positives Elektron gehört gleichfalls zu dem Kupfermolekül, ist aber nicht direkt an ihm befestigt, sondern wird von dem negativen Elektron angezogen und bewegt sich um dasselbe herum, etwa wie ein Planet um seine Centralsonne, in freien sehr kleinen Bahnen, welche durch die Nachbarschaft anderer Moleküle und Elektronen mannigfach beeinflusst werden, aber doch nur so, dass ein positives Elektron sich immer wieder um ein negatives dreht und von dem letzteren durch die gegenseitige Anziehung festgehalten wird. Sonach ist das Kupfer seiner ganzen Masse nach mit Elektronen von beiderlei Art durchsetzt: die negativen liegen aber an den Kupfermolekülen fest, während die positiven sich im Kupfer bewegen können und durch die Anziehung der negativen Elektronen in ihren Bahnen festgehalten werden. In seinem gewöhnlichen neutralen Zustande enthält das Kupfer gleiche Mengen von Elektronen beider Art, und neben jedem positiven Elektron findet sich in nächster Nähe ein negatives; was das eine abstösst, das zieht das andere an, beide mit gleicher Kraft, also heben ihre Wirkungen sich nach aussen vollständig auf. Die elektrische Substanz, welche im Kupfer enthalten ist, wird deswegen nach aussen nicht merkbar. Aber sie ist vorhanden, sie durchzieht das ganze Kupfer und sie kann unter Umständen ihre besonderen Wirkungen ausüben, wenn das Gleichgewicht zwischen positiven und negativen Elektronen gestört wird. Man hat sich das metallische Kupfer vorzustellen wie einen ausserordentlich feinen Schwamm, in welchem die elektrische Substanz in Form von positiven Elektronen beweglich ist.

Es kann gleich hier die Frage aufgeworfen werden, ob die elektrische Substanz eine körperliche Sache sei. Diese Frage lässt sich nicht mit Sicherheit beantworten, aber nicht etwa bloss deshalb, weil wir zu wenig von der elektrischen Substanz, sondern deshalb, weil wir zu wenig von der wägbaren Materie wissen. Unter tausend ungebildeten Menschen, die mit Wasser zu thun haben, glauben tausend, und unter tausend Gebildeten glauben neunhundertneunundneunzig zu wissen, was Wasser sei. Das ist aber ein grober Irrtum. Wir wissen in letzter Instanz, dass Wasser aus Wasserstoff- und Sauerstoffatomen besteht, aber wir wissen weder, was ein Wasserstoffatom noch was ein Sauerstoffatom ist, und wir haben vor allen Dingen nicht die entfernteste Vorstellung davon, worauf die Körperlichkeit des Wasserstoffs, des Sauerstoffs und des Wassers beruht. Wir sind allerdings so daran gewöhnt, die wägbare Materie zu manipulieren, sie in Form von Schlüsseln und Messern etc. in der Tasche zu tragen, dass wir uns leicht einbilden, mit ihrem Wesen vertrauter zu sein als mit dem der elektrischen Substanz. Aber thatsächlich wissen wir vom Wesen des Eisens, des Wassers etc. durchaus nichts. Wir kennen nur eine Anzahl ihrer Eigenschaften und sind auf Grund dieser Kenntnis imstande, mit ihnen umzugehen. Worauf aber ihre Körperlichkeit beruht, das ist uns beim Wasser, beim Eisen, bei der Wolle etc. genau so unbekannt wie bei der elektrischen Substanz, und solange wir dies nicht wissen, können wir nicht beurteilen, ob die elektrische Substanz in letzter Linie die gleichen Körperlichkeitseigenschaften hat wie die Materie oder nicht. Gewisse neuere Versuche scheinen darauf zu deuten, dass die elektrische Substanz thatsächlich in Form von freien Elektronen existieren, sich bewegen, einzelne Körper durchdringen etc. kann, und dass man sie in einem geeigneten isolierten Gefäss zwar nicht auf unbegrenzte Zeit, aber doch auf angebbare längere Dauer fassen und aufbewahren kann. Daher würde der moderne Physiker, wenn man ihm die Frage vorlegt, ob die elektrische Substanz eine körperliche Sache sei, diese Frage wohl eher mit Ja als mit Nein beantworten, immer mit Rücksicht darauf, dass er von der Körperlichkeit der spezifisch „körperlichen ponderablen Materie" auch nicht mehr weiss als von derjenigen der elektrischen Substanz. Es wird sich übrigens bald zeigen, dass die hier aufgeworfene Frage für die juristische Erörterung, auf die wir später zurückkommen, ganz ohne Belang ist.

Elektrische Substanz ist messbar. Wie man das Wasser mit dem Liter misst, so misst man die elektrische Substanz mit einer Einheit, welche heisst ein Coulomb. Auf das Wie der Messung braucht hier nicht eingegangen werden.

§ 2. Elektrische Spannung. Ein neutraler Körper, z. B. ein gewöhnliches Stück Kupfer, enthält nach dem Vorstehenden positive und negative elektrische Substanz im Zustande des Gleichgewichts. Er verhält sich wie ein Wasserbassin, in welchem das Wasser eine horizontale Oberfläche hat. Auch dieses Wasser ist im Gleichgewicht, und wenn es sich selbst überlassen bleibt, äussert es keine Krafwirkungen. Man kann aber das Gleichgewicht des Wassers stören, indem man einen Teil desselben in die Höhe hebt. Das höherliegende Wasser hat dann ein Bestreben, auf das tiefere Niveau herabzusinken, und wenn man ihm einen Weg dazu eröffnet, so benutzt es denselben und fällt. Man kann sagen, dem gehobenen Wasser sei durch die Hebung eine Art von Spannung erteilt worden, vermöge deren es das Bestreben zu sinken bekommt, und diese Spannung ist nach A § 1 nichts anderes als potentielle Energie.

Ganz analog kann man durch verschiedene Vorrichtungen, wie Elektrisiermaschinen, galvanische Batterien oder Induktions-Apparate das elektrische Gleichgewicht in einem Leiter stören. Wir wollen zunächst den Fall betrachten, wo man mittelst der Elektrisiermaschine auf ein Stück Kupfer einwirkt. Die Einwirkung der Elektrisiermaschine besteht darin, dass sie dem Kupfer einen Ueberschuss von (sagen wir) positiven Elektronen zuführt. Das Resultat derselben besteht also zunächst darin, dass in oder an dem Kupfer mehr positive als negative Elektronen enthalten sind; infolgedessen überwiegen die positiven Elektronen und das Kupfer erscheint „positiv elektrisch“. Es stösst andere, gleichfalls positiv geladene Körper ab und zieht negativ geladene Körper an. Den Ueberschuss von positiven Elektronen, welchen das Kupfer in oder an sich hat, nennt man seine „freie positive Ladung“, und das Kupfer selbst heisst positiv geladen. Die Elektronen, aus welchen die freie Ladung besteht, stossen einander ebenso ab, wie sie alle gleichnamigen Elektronen abstossen; sie streben also vermöge dieser Abstossung sich möglichst weit von einander zu entfernen, d. h. sie begeben sich sämtlich an die Oberfläche des Kupfers. Finden sie dort einen Leiter vor, so verlieren sie sich durch diesen in die Erde; ist aber das Kupfer auf einen isolierenden Fuss gestellt und ausserdem rings von der isolierenden Luft umgeben, so begiebt sich die freie Ladung in diejenigen Grenzschichten, in welchen das Kupfer an die Luft und an den Isolierfuss grenzt. Bei dem angegebenen Verfahren ladet man also eigentlich nicht das Kupfer, sondern seine Grenzfläche.

In der Grenzfläche selbst stossen sich die Teilchen der freien Elektrizität immer noch ab, infolgedessen verteilen sie sich an dieser Oberfläche so, dass ihre gegenseitigen Abstossungen einander die Wage halten. Nähert man dem Kupfer einen anderen Leiter, so springt die freie Ladung ganz oder zum Teil auf diesen über und zwar, wenn die Ladung einigermassen kräftig war, in Gestalt eines kleinen Blitzes, den man den elektrischen Funken nennt.

Das Bestreben der freien Ladung, sich von ihrem Träger zu entfernen, wird gemessen durch eine Grösse, welche man mit dem Namen elektrische Spannung bezeichnet. Dieselbe ist der obenerwähnten Spannung des gehobenen Wassers durchaus analog. Je höher man das Wasser hebt, desto mehr Arbeit muss man auf die Hebung verwenden und desto grösser ist die potentielle Energie des Wassers pro Liter; je höher man die Spannung eines elektrisch geladenen Körpers treibt, desto mehr Arbeit muss man aufwenden, um sie herzustellen und desto grösser ist die potentielle Energie der Elektrizität und ihr Bestreben, den Leiter zu verlassen, desto grösser also auch die Schlagweite, bis zu welcher Funken übergehen. Die elektrische Spannung kann mit wissenschaftlichen Hilfsmitteln gemessen werden, ihre Einheit heisst ein Volt. Als ungefährer Anhalt mag angeführt werden, dass ein Kupfer-Zink-Element eine Spannung von wenig über ein Volt hat, und dass eine Spannung von 8000 Volt in gewöhnlicher trockener Luft Funken von etwa 1 cm Länge giebt.

§ 3. Elektrischer Strom. Es giebt Verhältnisse in der Natur, wo eine gewisse Wassermenge pro Sekunde beständig auf einem höheren Niveau gehalten wird als eine benachbarte Wassermenge. Diesen Fall haben wir an jedem natürlichen Wasserfall vor uns. Wie schon unter A 4 auseinandergesetzt wurde, unterscheiden wir bei einem Wasserfall ein oberes und unteres Niveau. Das zuströmende Wasser wird immer dem oberen Niveau zugeführt, hat dadurch eine potentielle Energie oder Spannung gegen das untere und das Wasser gleicht diese Spannung fortwährend aus, indem es vom oberen zum unteren Niveau herunterfällt. Künstlich kann man dieselbe Sache herstellen, indem man z. B. in das untere Niveau (etwa in einen See) ein eisernes Rohr setzt und in diesem Rohr eine Centrifugalpumpe anbringt, die das Wasser in dem Rohr in die Höhe treibt. Die Pumpe hebt dann immer wieder das Wasser bis an das obere Ende des Rohrs, stellt also künstlich einen Niveauunterschied zwischen dem gehobenen und dem nichtgehobenen Wasser her, infolgedessen fällt das Wasser in kontinuierlichem Strom oben aus dem Rohr in den See zurück.

Dasselbe, was hier die Pumpe für das Wasser thut, das thut auf elektrischem Gebiete die galvanische Batterie, der Akkumulator oder die Dynamomaschine. Jede von diesen Vorrichtungen hat zwei sogenannte Pole, und wenn man an diese Pole einen Kupferdraht anlegt, so stellt die Vorrichtung zwischen seinen Enden einen beständigen Spannungsunterschied dar. Das eine Ende des Drahtes erhält positive, das andere negative Spannung, und im ganzen Verlauf des Drahtes nimmt vom positiven zum negativen Ende hin die Spannung beständig ab. Unter dem Einfluss dieser ungleichen Spannung bewegt sich nun die elektrische Substanz in dem Draht: Die positiven Elektronen werden vom positiven Pol durch den Draht nach dem negativen hingetrieben. Sie treten aus dem negativen Ende des Drahtes in die Dynamomaschine oder in die Batterie ein, gehen durch dieselbe durch und kommen am positiven Pol wieder heraus und gehen von da wieder durch den Draht. Diese fortwährende Bewegung der positiven Elektronen heisst ein elektrischer Strom.

Am einfachsten zu beschreiben ist der Vorgang des Stromes bei der galvanischen Batterie, z. B. einer Kupferzinkbatterie. Dieselbe besteht aus einem Stück Kupfer und einem Stück Zink, welche in verdünnte Schwefelsäure getaucht sind. Verbindet man ausserhalb der Schwefelsäure das Kupfer durch einen Draht mit dem Zink, so wird der Kreislauf hergestellt. Es treten fortwährend positive Elektronen aus dem Kupfer in den Draht, gehen durch den Draht in das Zink, aus dem Zink in die Schwefelsäure, aus der Schwefelsäure wieder in das Kupfer etc., mit einem Wort, die positiven Elektronen kreisen in dem ganzen System, welches aus Kupfer, Draht, Zink und Schwefelsäure hergestellt ist.

Die Analogie dieses Vorganges mit dem des künstlich hergestellten Wasserfalles leuchtet ein. Bei einem künstlichen Wasserfall stellt die Pumpe immer wieder die Spannung zwischen dem oberen und unteren Wasser her und infolge dessen zirkuliert das Wasser aus dem See in das Rohr, aus dem Rohr durch die Luft in den See zurück. Beim elektrischen Strom thuen die chemischen Kräfte, welche in der Batterie wirksam sind, den Dienst der Pumpe: Sie treiben die Elektronen fortwährend aus dem Kupfer heraus und durch das Zink wieder zurück.

Wir haben nun hier einige wichtige Fragen hervorzuheben.

a) Was strömt? Nach dem Gesagten strömen die Elektronen oder das, was wir elektrische Substanz genannt haben. Der materielle Stoff des Drahtes, das Kupfer, fungiert dabei als Kanal, in welchem sich die Elektronen bewegen. Die Substanz der Elektronen wird aber bei dem Vorgang nur bewegt und nicht verändert. Wenn positive elektrische Substanz vom Pol der Batterie aus in den Draht hineingeht, so fliesst ebensoviel positive elektrische Substanz durch den negativen Pol wieder ab. Der Gehalt des Drahtes an Elektronen wird also durch den Strom nicht verändert. Es ist genau wie beim Wasser, das Wasser strömt, aber es verändert durch die Strömung seine Substanz und seine Menge nicht.

b) Wer treibt den Strom im Draht? Antwort: Die Spannung. Ganz wie das fallende Wasser durch den Höhenunterschied zum Fallen getrieben wird, so werden die Elektronen im Draht durch die zwischen den Teilen des Drahtes herrschenden Spannungsunterschiede in Bewegung gesetzt. Sie strömen also auch nur so lange, als zwischen den Enden des Drahtes ein angebbarer Spannungsunterschied besteht. Trennt man den Draht von den Polen ab, so hört die elektrische Strömung sofort auf.

c) Einen Wasserstrom misst man, indem man angiebt, wieviel Liter in der Sekunde durch seinen Querschnitt hindurchgehen. Ganz ebenso misst man einen elektrischen Strom, indem man angiebt, wieviel Coulomb er in einer Sekunde durch einen seiner Querschnitte befördert, ein Strom also z. B., in dem durch jeden Querschnitt 18 Coulomb in der Sekunde fliessen, wird zu bezeichnen sein als ein Strom von 18 $\frac{\text{Coulomb}}{\text{Sekunden}}$. In der Elektrizitätslehre hat sich nun der Gebrauch ausgebildet, statt „ein Coulomb in der Sekunde" zu sagen „ein Ampère". Der soeben genannte Strom, bei dem in einer Sekunde 18 Coulomb durch einen Querschnitt fliessen, heisst also ein Strom von 18 Ampère. Zum ungefähren Anhalt über die Grösse eines Ampère mag dienen, dass der Strom, welcher in den weitverbreiteten elektrischen Anlagen von 110 Volt durch eine gewöhnliche 16kerzige Glühlampe geht, $^1/_2$ Ampère beträgt, und dass die gewöhnlichen Bogenlampen Ströme von 6 bis 10 oder 15 Ampère führen.

§ 4. Elektrische Leistung. Die Strömung der Elektrizität übt Kräfte und Wirkungen aus, welche der ruhenden abgehen. Uns interessieren hier hauptsächlich drei von diesen Wirkungen:

Erstens. Die elektrische Substanz bewegt sich in den Leitern (man denke dabei in erster Linie an Kupferdrähte) nicht widerstandsfrei, sondern ähnlich wie Wasser, welches in engen Kanälen fliesst. Das Metall des Drahtes setzt dieser Bewegung an jeder Stelle einen gewissen Widerstand entgegen, der dem Reibungswiderstand analog ist. Infolge dessen erzeugt der elektrische Strom in jedem Leiter, den er passirt, Wärme. Je grösser der Widerstand einer Leiterstrecke ist, desto mehr Wärme wird in ihr entwickelt. Hierauf beruht das ganze elektrische Beleuchtungswesen. Eine Glühlampe z. B. ist nichts weiter als ein haltbarer kleiner Leiter von grossem Widerstand.

Wenn der Strom, wie es gewöhnlich geschieht, durch eine Leitung von Kupferdraht zur Glühlampe und wieder zurückgeführt wird, so erwärmt er dabei den Kupferdraht und den Kohlenfaden der Lampe. Der Kupferdraht aber ist ein Leiter von sehr geringem Widerstand, deswegen bleibt die Erwärmung bei ihm unmerklich; der Kohlenfaden in der Lampe dagegen hat einen sehr grossen Widerstand, deshalb wird er vom Strom zum Glühen erhitzt.

Die Physik lehrt ganz allgemein über diese Wärmeerzeugung folgendes: Wenn der Strom in einer Leitung keine andere Wirkung als Wärme erzeugt, so ist die Wärmemenge, welche er pro Sekunde zwischen irgend zwei Punkten A und B der Leitung erzeugt, proportional der Stromstärke multipliziert mit dem Spannungsunterschied zwischen A und B. Man kann sich ein Thermometer so eingeteilt denken, dass die Wärmemenge, welche der Strom 1 Ampère zwischen zwei Punkten erzeugt, deren Spannungsunterschied 1 Volt ist, gerade eine Wärmeeinheit ergiebt; dann ist die Wärme, welche der elektrische Strom in irgend einem Leiter pro Sekunde entwickelt, gleich dem Produkt aus Spannung und Stromstärke.

Dieser Satz entspricht vollständig dem, was wir über die Wirkungsfähigkeit eines Wasserfalles gesagt haben. Die Leistung eines Wasserfalles ist gleich dem Produkt aus seiner Höhe und der in Liter pro Sekunde ausgedrückten Intensität des Wasserfalls. Der Fallhöhe entspricht auf elektrischem Gebiet die Spannung, den Litern pro Sekunde die Stromstärke.

Eine zweite Wirkung, welche der elektrische Strom

ausüben kann, besteht darin, dass er Motoren in Bewegung setzt. Wie das geschieht und wie die Apparate gebaut sind, welche den elektrischen Strom zur Erzeugung von Bewegung veranlassen, das kann hier ganz ausser Betracht gelassen werden. Uns interessiert hier nur das quantitative Gesetz dieser Leistung. Es ist dabei zu bemerken, dass der elektrische Strom auch die Drähte eines Motors nicht durchläuft, ohne in diesem Wärme zu entwickeln. Die Gesamtleistung des Stromes besteht also in diesem Falle 1. aus Wärmeentwickelung und 2. aus mechanischer Leistung, und das Gesetz für dieselbe lautet wieder höchst einfach: Wenn der Strom zwischen irgend zwei Punkten A und B seiner Leitung teils Wärme erzeugt, teils Motoren treibt, so ist die in der Sekunde erzeugte Wärme zusammen mit der in der Sekunde geleisteten mechanischen Arbeit gleich dem Produkt aus Stromstärke und Spannung.

Auch hier ist die Analogie mit dem Wasserfall wieder vollkommen. Der gefasste Wasserfall, der eine Turbine treibt, liefert an diese Turbine mechanische Leistung und zugleich vergeudet er durch Reibung oder sonstige Hindernisse einen Teil seiner Energie, die in Wärme umgesetzt wird; seine Gesamtleistung, Wärmeleistung und mechanische Leistung zusammen, ist gleich dem Produkt aus Fallhöhe und Strömungsintensität. Wieder entspricht die Fallhöhe der Spannung, die Zahl der Liter in der Sekunde der elektrischen Stromstärke.

Drittens endlich kann der Strom auch auf seinem Wege noch benutzt werden, um chemische Zersetzungen zu bewirken, und auch hier gilt wieder das entsprechende

Gesetz; die Gesamtleistung des Stromes, die chemische Leistung mit eingeschlossen, wird gemessen durch das Produkt aus Spannung und Stromstärke.

Hiernach wird überhaupt die gesamte Leistung eines Stromes zwischen zwei Punkten A und B seiner Leitung gemessen durch das Produkt aus seiner Stromstärke und dem zwischen A und B herrschenden Spannungsunterschied.

Genau so wie wir die Leistung eines Wasserfalles durch Multiplikation seiner Fallhöhe mit der Intensität fanden, so finden wir nach dem vorigen die Leistung eines elektrischen Stromes durch Multiplikation des Spannungsunterschiedes mit der Stromstärke. Die Einheit der Leistung beim elektrischen Strome ist also das Produkt aus einem Volt und einem Ampère, dasselbe wäre zu schreiben: ein Voltampère. Auf elektrischem Gebiet ist die Nomenklatur reicher ausgebildet als auf dem Gebiet der Hydraulik; man hat auch für das Voltampère einen besonderen Namen geschaffen und nannte es „ein Watt“. Wenn also ein Strom von x Ampère durch eine Leitung geht, so beträgt seine Leistung zwischen zwei Punkten, deren Spannungsunterschied y Volt ist, xy Watt.

Das Watt ist, wie sich aus dieser Entwickelung ergiebt, seiner Natur nach eine Leistung, d. h. ein Arbeitswert, dividiert durch Sekunden. Das Watt ist von gleicher Art mit der Pferdestärke. Da aber beide auf ganz verschiedenem Boden entstanden sind, ist die Grössenbeziehung zwischen ihnen eine zufällige und nicht durch eine ganz einfache Zahl auszudrücken: Eine Pferdestärke ist gleich rund 736 Watt oder annähernd $^3/_4$ Kilowatt, wenn

1000 Watt mit bekannter Abkürzung als ein Kilowatt bezeichnet werden.

§ 5. **Elektrische Arbeit.** Der Mensch kann jedes Strömungsphänomen nur in der Zeit benutzen. Wie er einen Wasserfall nur in einer bestimmten Zeit arbeiten lässt, so kann er auch den elektrischen Strom nur in der Zeit arbeiten lassen. Wenn ein Wasserfall von der Leistung x während t Sekunden benutzt wird, so leistet er x mal t Kilogrammmeter Arbeit. Ebenso leistet ein Strom von x Watt in t Sekunden die Arbeit x mal t, und die Einheit dieser Arbeit heisst eine Wattsekunde. Man kann diese Einheit, indem man statt der Sekunde die Stunde einführt, 3600 mal vergrössern und thut es vielfach. 3600 Wattsekunden sind eine Wattstunde. Die mit 1000 multiplizierte Wattstunde heisst eine Kilowattstunde und ist die gewöhnliche Handelseinheit, nach der elektrische Energie verkauft wird. Wir haben schon bei der Besprechung des Wasserfalles festgestellt, dass Energie gleich Leistung mal Zeit ist. Dasselbe gilt hier auch. Die Energie, welche ein Strom aufwendet, wendet er während einer angebbaren Zeit auf, und sie ist das Produkt aus dieser Zeit und der Leistung des Stromes; sie wird gemessen mit der primären Einheit der Wattsekunde oder mit der aus dieser durch Multiplikation mit 3 600 000 abgeleiteten sekundären Einheit der Kilowattstunde.

Die elektrische Energie ist ihrer Natur nach eine Form der Energie ebenso wie mechanische Arbeit, Wärme oder chemische Energie. Sie kann sich in die anderen Arten der Energie umsetzen. Unter allen Verhältnissen setzt sich ein Teil der elektrischen Stromenergie in Wärme um; die elektrische Energie geht verloren und an ihrer Stelle erscheint die entsprechende Wärmemenge; dies ist der oben geschilderte Vorgang der Erwärmung des Leiters. Wird der elektrische Strom in einen Motor geleitet, so verschwindet ein entsprechender Teil seiner elektrischen Energie und verwandelt sich in die mechanische Energie des Motors. Geht der Strom durch eine chemische Zersetzungszelle, so verwandelt sich seine Energie in chemische Energie. Umgekehrt wird in der galvanischen Batterie und im Akkumulator die chemische Energie der Bestandteile in elektrische Energie verwandelt, in der Dynamomaschine setzt sich die mechanische Energie in elektrische Energie um, und sofern die mechanische Energie zur Dynamomaschine, wie es sehr häufig der Fall ist, aus einer Dampfmaschine kommt, entsteht die elektrische Stromenergie in letzter Linie aus der chemischen Energie der Steinkohle: diese setzt sich durch Verbrennen in Wärme, und die Wärme setzt sich in der Dampfmaschine etc. in mechanische Energie um, welche ihrerseits von der Dynamo in elektrische Energie verwandelt wird.

§ 6. Hiermit sind die fürs praktische Leben wichtigen Begriffe aus der Elektrizitätslehre erörtert, und es kann nun die Frage ins Auge gefasst werden: Was ist eigentlich dasjenige, was der Konsument, der einen elektrischen Strom benutzt, verbraucht und bezahlt, und was ist dasjenige, was sich der „Elektrizitätsdieb“ widerrechtlich aneignet? Die Beantwortung dieser Frage wird am klarsten, wenn wir unmittelbar daneben die gleiche Frage für ein anderes Strömungsphänomen, nämlich für einen

Wasserfall, stellen und beide Fragen nebeneinander beantworten. Im folgenden sollen also zwei Spalten angelegt und in der Spalte rechts die betreffende Frage für Elektrizität, links für Wasser beantwortet werden.

Was verbraucht der Müller, der oben beim Punkte A Wasser in seine Rohrleitung führt, in der Rohrleitung eine Turbine damit treibt und das Wasser unten beim Punkte B wieder in den Fluss zurückgehen lässt? Es werde angenommen, dass in der Sekunde 700 l Wasser durch die Rohrleitung gehen und dass dieselbe eine nutzbare Fallhöhe von 40 m hat.

Der Müller verbraucht nicht das Wasser; denn alles Wasser, welches bei A in seine Rohrleitung eintritt, wird bei B wieder an den Fluss abgeliefert. Wohl aber verbraucht er die Fallhöhe des Wassers, denn das abgelieferte Wasser liegt 40 m tiefer als das angelieferte.

Was verbraucht der Klient, der beim Punkte A eine Leitung in sein Haus führt, im Hause Lampen oder Motoren damit betreibt und den Strom beim Punkte B wieder an die allgemeine Leitung zurückgiebt? Es werde angenommen, dass zwischen A und B ein Spannungsunterschied von 40 Volt besteht und dass der Strom eine Intensität von 700 Amp. hat.

Der Konsument verbraucht nicht die elektrische Substanz; denn die ganze elektrische Sustanz, welche bei A in sein Haus eintritt, geht bei B wieder heraus und wird wieder an die allgemeine Leitung abgeliefert. Wohl aber verbraucht er Spannung, denn die elektrische Substanz verlässt sein Haus bei B unter einer

Die Fallhöhe allein genügt indessen nicht um zu beschreiben, was der Müller wirklich verbraucht. Denn 40 m Fallhöhe, die von 700 l in der Sekunde durchfallen werden, üben 700 mal soviel Wirkung aus, als wenn sie von 1 l durchfallen werden. Was er also in Wirklichkeit verbraucht, das ist die Leistung des Wasserfalles, wie sie in A 4 definiert wurde, das Produkt aus Fallhöhe und Wasserstromstärke: 28 000 Litermeter in der Sekunde. Diesem Verbrauch entspricht auch die Leistung seiner Mühle.

Da nun alles Geschehen ein Geschehen in der Zeit ist, so kann der Müller garnicht anders, als dass er irgendwie seine 28000 $\frac{\text{Litermeter}}{\text{Sekunde}}$ während einer bestimmten Zeit, sagen wir

Spannung, die 40 Volt weniger beträgt als bei A.

Die Spannung allein genügt indessen nicht, um seinen Verbrauch und die Leistung, welche dadurch in seinem Hause gethätigt wird, zu bestimmen; denn wenn 700 Amp. mit 40 V. Spannungsverlust fliessen, so ist deren Leistung 700 mal so gross als wenn nur 1 Amp. fliesst. Die vom Konsumenten entnommene Leistung beträgt also 28000 Volt-Amp. oder 28000 Watt.

Der Konsument kann nun garnicht anders als seine 28000 Watt während einer gewissen Zeit gebrauchen; sagen wir, dass er sie an einem gegebenen Tage 5 Stunden lang gebraucht. Dann leistet also der Strom an einem gegebenen Tage 5 Stunden lang verwertet. Er konsumiert also 28000 $\frac{\text{Litermeter}}{\text{Sekunde}}$ während 18000 Sekunden. Sein Gesamtkonsum ist demnach 18 000 mal 28 000 oder 504 Millionen Litermeter oder Kilogrammmeter. Diese Zahl der konsumierten Arbeitseinheiten bestimmt den Konsum des Müllers an Wasserenergie und bestimmt die Arbeit, welche seine Mühle in den 5 Stunden thun kann.

in seinem Hause 18000 Sekunden lang 28000 Watt oder er leistet 504 Millionen Watt-Sekunden. Diese Zahl bestimmt den Wert, den die Thätigkeit seiner elektrischen Installation während der vorausgesetzten 5 Stunden für ihn gehabt hat; sie bestimmt auch die Kohlenmenge, welche der Elektrizitätslieferant aufwenden muss, um dem Konsumenten die elektrische Energie zu liefern. Demgemäss bestimmt sie auch den Preis, welchen der Konsument für die 5stündige Benutzungsdauer der elektrischen Anlage zu entrichten hat.

Dasjenige, was bei elektrischen Einrichtungen benutzt, bezahlt und gestohlen wird, was in geldwerten Einheiten gemessen werden kann, ist demnach ganz dasselbe, was bei Wasserfällen benutzt, bezahlt und widerrechtlich angeeignet werden kann, nämlich *Energie*. Bei Wasserfällen ist die Energie in kgm, bei elektrischen Anlagen in Wattsekunden gemessen. Die Einheiten sind verschieden, aber die Sache, die Energie ist in beiden Fällen dieselbe.

§ 7. Es ist hier der Ort, auf den Missbrauch hinzuweisen, der in der populären Sprache mit dem Worte „Elektrizität“ getrieben wird, und auf die Folgen dieses Missbrauches, welche sich in der bekannten Entscheidung des Reichsgerichtes vom 20. Oktober 1896 vorfinden.

Der wissenschaftliche Sprachgebrauch versteht unter „Elektrizität“ schlechthin das, was wir im vorstehenden als elektrische Substanz bezeichnet haben. Der populäre Sprachgebrauch bezeichnet dagegen mit dem Worte „Elektrizität“ unterschiedslos die sämtlichen Begriffe, welche in der vorstehenden Auseinandersetzung auftreten, nämlich elektrische Substanz, elektrische Spannung, elektrischen Strom, elektrische Leistung und elektrische Energie. Diesem populären Sprachgebrauch haben sich sogar die Elektrotechniker selbst angeschlossen. Der Elektrotechniker sagt im allgemeinen nicht, ich liefere dem Klienten Cajus elektrische Energie, sondern er kürzt diesen Ausdruck ab und sagt: ich liefere dem Cajus Elektrizität. Aber wenn ein Elektrotechniker in dieser Ausdrucksweise mit einem anderen spricht, so wissen beide, dass es sich nur um eine abgekürzte Bezeichnung handelt und dass in Wirklichkeit elektrische Energie gemeint ist. Der Laie aber und häufig auch der Jurist weiss das nicht.

Am 15. Januar 1895 hat ein Münchner Gericht (Reg.-Entsch. 16. Bd., Seite 190) die unbefugte Ableitung des elektrischen Stroms als Diebstahl anerkannt und ausgeführt:

„Dem elektrischen Strome kann die Eigenschaft einer körperlichen Sache, die sich bei der Möglichkeit der Leitung des Stromes an beliebige Punkte als eine bewegliche und bei der Verbindung der Leitung mit der Elektrizitätsanlage, dann der Möglichkeit der Verstärkung oder gänzlichen Abstellung des Stroms durch den Elektrizitätswerkbesitzer als in dessen Gewahrsam befindlich darstellt, ebensowenig abgesprochen werden, wie dem in der Röhrenleitung befindlichen Leuchtgase, der warmen oder der komprimierten Luft (Rechtsprechung d. R.G. 3. Bd. S. 14). Dass der elektrische Strom eine selbständige körperliche Sache ist und als solche rechtlich zu behandeln sei, hat übrigens das Reichsgericht in einem Urteil vom 10. März 1886 (Entsch. d. R. G. i. C. S. 17. Bd. S. 269) schon anerkannt."

Dagegen hat sich der 4. Strafsenat des Reichsgerichts in einem Urteil vom 20. Oktober 1896 (Reg.-Entsch. 17. Bd., S. 68) im gegenteiligen Sinne ausgesprochen und u. a. gesagt:

„Die Vorinstanz geht zutreffend davon aus, dass als eine „Sache" im Sinne des § 242 R.S.G.B. nur ein Stück der raumerfüllendenden Materie gelten könne, also Körperlichkeit des Gegenstands wesentliches Begriffsmerkmal sei. Diese Annahme findet ihre Begründung nicht in den Sätzen des bürgerlichen Rechts, d. h. der verschiedenen zur Zeit in Deutschland geltenden Privatrechtssysteme, und wird daher auch nicht berührt durch Entscheidungen des Reichsgerichts, die sich auf zivilrechtliche Normen und Anschauungen aufbauen und sich aut privatrechtliche Verhältnisse beziehen, sondern der strafrechtliche Begriff der beweglichen Sache ist ein einheitlicher, selbständiger, öffentlich-rechtlicher und hat nach dem natürlichen Wortsinne und Sprachgebrauche des Reichsstrafgesetzbuchs (Entsch. d. R.G. i. S.S. 24. Bd. S. 50) Körperlichkeit des Gegenstandes zur Voraussetzung . . .

Setzt hiernach der § 242 R.S.G.B. als Gegenstand des Diebstahls und der § 246 als Gegenstand der Unterschlagung ein Stück Materie, gleichviel, ob sie sich in festem, flüssigem oder gasförmigem Zustande befindet, voraus, so ist es rechtlich nicht zu beanstanden, wenn die Vorinstanz den Thatbestand sowohl des Diebstahls als der Unterschlagung verneint. Eine Rechtsfrage ist es, ob der Begriff der Sache im Sinne der §§ 242, 246 R.S.G.B. Körperlichkeit voraussetzt oder nicht; aber die Entscheidung darüber, ob Elektrizität ein Stoff, ein Körperliches oder eine blosse Kraft, eine Bewegung kleinster Teile ist, die an oder in Körpern unter gewissen Bedingungen stattfindet, kann nicht auf Grund von Rechtsnormen, sondern lediglich auf Grund naturwissenschaftlicher Forschung getroffen werden. Die Ausführungen des in I. Instanz vernommenen Sachverständigen, denen die Vorinstanz im wesentlichen sich anschliesst, ergeben, dass es sich hier um ein Problem handelt, welches von der Naturwissenschaft noch nicht endgültig gelöst ist, und dass sich noch verschiedene Ansichten und Theorien gegenüberstehen. Es kann daher jedenfalls keine Rede davon sein, dass notorisch oder allbekanntermaassen die Elektrizität ein Fluidum, d. h. ein Stoffliches flüssiger oder gasförmiger Art sei. Wenn sich daher der erste Richter auf Grund der stattgehabten Beweisaufnahme und namentlich der Ausführungen des Sachverständigen für die Ansicht entschieden hat, dass die Elektrizität kein Fluidum, kein Stoff irgend welcher körperlichen Art, sondern eine Kraft, ein Zustand sei, in den gewisse Gegenstände durch technische Manipulationen versetzt werden, so ist darin auf keinen Fall ein Rechtsirrtum zu finden. Ob die Ansicht der Vorinstanz vom Standpunkte der heutigen Naturwissenschaft das Richtige trifft, darüber kann nach den bestehenden Gesetzen (§ 376 R.S.P.O.)[2] das Reichsgericht eine autoritative Entscheidung nicht treffen.

— —

— —

— —

Dass der elektrische Strom eine körperliche Sache und ebendaher mögliches Objekt eines Diebstahls sei, findet sich ausgesprochen in einem Urteile des Oberlandesgerichts zu München vom 15. Januar 1895 (s. vorher). Der Begründung dieses Urteils kann jedoch nicht beigetreten werden. Die Erwägung, dass eine Messung der Stärke des Stromes möglich ist, und dass der Strom durch Vorkehrungen von einem Orte zum andern geleitet werden kann, sind bereits von der Vorinstanz in ihren oben mitgeteilten Ausführungen treffend gewürdigt worden. Gemessen werden kann auch eine Kraft, und die Leitung der Elektrizität von einem Orte zum andern geschieht nur durch körperliche Gegenstände, durch die sie hindurchgeleitet wird, oder in denen sie angesammelt ist, kann also keinen notwendigen Schluss auf ihre Körperlichkeit begründen. Ueberdies handelt es sich dabei, wie oben dargelegt, um thatsächliche Erwägungen, auf Grund deren jedenfalls das Revisionsgericht die naturwissenschaftliche Streitfrage nicht entscheiden kann. Wenn aber das Oberlandesgericht im weitern auf die hohe Bedeutung der Elektrizität im Verkehrsleben hinweist und hervorhebt, dass der elektrische Strom auch eine Stellung unter den Lebensgütern mit Verkehrswert einnehme, so kann dies den Schluss nicht rechtfertigen, dass der elektrische Strom eine körperliche Sache sei, da der unbestimmte Begriff eines „Lebensguts mit Verkehrswert“ nicht notwendig das Merkmal der Körperlichkeit in sich schliesst, indem auch Kräfte, Arbeitsleistungen und geistige Er-

zeugnisse als solche Lebensgüter bezeichnet werden können. Wenn es als ein Bedürfnis des heutigen Rechtslebens anerkannt werden müsste, die widerrechtliche Aneignung des elektrischen Stroms unter strafrechtliche Bestimmungen zu stellen, so wird deren Erlass Aufgabe der Gesetzgebung sein."

Aus der Begründung des Reichsgerichtes geht für den Elektriker die Thatsache hervor, dass das Reichsgericht mangelhaft informiert gewesen ist. Das Gericht hat anscheinend seinem Sachverständigen die Frage vorgelegt: „Ist die Elektrizität eine körperliche Sache?" Und der Sachverständige hat diese Frage so beantwortet, als ob ein Physiker sie dem anderen gestellt hätte, d. h. so, als ob das Wort „Elektrizität" vom Gericht wenigstens annähernd richtig in seinem wissenschaftlichen Sinne angewendet wäre. Diese Voraussetzung trifft aber nicht zu, und der Sachverständige hätte dem Reichsgericht antworten müssen: Eure Frage ist unwissenschaftlich formuliert. Ihr drückt Euch so aus, als ob ein Delinquent sich „Elektrizität" oder „elektrischen Strom" widerrechtlich aneignen könnte. Die Grösse aber, die ein Delinquent in Wirklichkeit sich widerrechtlich aneignen kann, heisst, wenn man sich genau ausgrückt, „elektrische Energie". Es kommt daher für Euch garnicht darauf an, ob die „Elektrizität", sondern darauf, ob die elektrische Energie eine körperliche Sache ist. Zunächst ist also die Fragestellung abzuändern, die Frage muss lauten: „Ist die elektrische Energie eine körperliche Sache?"

Die Antwort auf diese Frage lautet „Nein". Denn alle Energie ist ihrer Natur nach ein Phänomen, und Phänomene sind zwar an Körper gebunden, aber nicht selbst Körper.

G. Schlusswort zum ersten Abschnitt.

Der Inhalt des bisher Gesagten lässt sich in folgende Sätze zusammenfassen: Es giebt eine Grösse, die in allen Naturprozessen eine massgebende Rolle spielt. Wir nennen sie Energie. Sie kann in äusserlich verschiedenen Formen auftreten: Als mechanische Energie in potentieller oder aktueller Form, als thermische, als chemische, als Licht- und als elektrische Energie. Sie kann aus irgend einer dieser Formen in irgend eine andere umgesetzt werden, z. B. mechanische Energie kann durch Reibung etc. in Wärme, Wärme kann in Licht oder chemische Energie, chemische Energie kann durch eine elektrische Batterie in elektrische Energie umgesetzt werden, die elektrische Energie kann durch einen Elektromotor wieder in mechanische oder durch eine Lampe in Lichtenergie verwandelt werden etc. Alle Naturprozesse sind nicht anderes als derartige Umsetzungen, und bei all diesen Umsetzungen wird immer nur eine Energieform in die andere verwandelt, aber die Menge der vorhandenen Energie nicht verändert. Energie ist unzerstörbar und unerschaffbar. Sie kann aber (vergleiche Kapitel B2 am Schlusse), wenn sie in Form von Wärme auftritt, ihrer Verwandelbarkeit beraubt und dadurch entwertet werden.

Die Energie ist immer an einen körperlichen Träger gebunden. Träger der mechanischen Energie ist der gehobene oder bewegte Körper; in ihm ist die Energie aufgespeichert, welche auf die Herstellung seiner Hebung oder Bewegung verwendet wurde; die fliegende Kanonenkugel z. B. trägt die Energie des Schiesspulvers, soweit dieselbe dazu gedient hat, sie in Bewegung zu setzen.

Die Wärme wird getragen von dem warmen Körper, der sie enthält. Die chemische Energie der Steinkohle hängt an der Steinkohle selbst und an dem Sauerstoff der Luft, welcher die Tendenz hat, mit der Kohle zu verbrennen; da der Sauerstoff überall an der Erdoberfläche vorhanden ist, kann die Energie der Steinkohle überall da in Wärme umgesetzt werden, wo die Steinkohle sich findet, sodass also die Steinkohle als der bestimmende Energieträger erscheint. Das Licht wird getragen von einem hypothetischen Stoff, den wir Aether nennen. Die elektrische Energie endlich wird von denjenigen Leitern getragen, in denen der elektrische Strom fliesst.

Der Zusammenhang zwischen einer Energieform und ihrem Träger kann nun von zweierlei Art sein.

Erstens nämlich kann die Energie so mit dem Träger verknüpft sein, dass die blosse Existenz des Trägers schon einen gewissen Gehalt an der betreffenden Energieform mit sich bringt. Dies ist der Fall bei der chemischen Energie. Wenn ein Kilo Steinkohle überhaupt auf der Erde existiert, so enthält es auch seine 7 bis 8000 Kalorieen an chemischer Energie; diese sind mit ihm transportabel und garnicht von ihm zu trennen, gehören ihm also wesentlich an.

Zweitens kann die Energie mit ihrem Träger nur zufällig verknüpft sein; und zwar ist dies bei allen Energieformen mit Ausnahme der chemischen Energie der Fall. Eine Kanonenkugel kann existieren und dabei ruhig auf dem Boden liegen. Sie kann aber auch soeben abgeschossen und infolge dessen in sehr schneller Bewegung sein. Im ersten Fall ist ihre Energie praktisch Null, im zweiten sehr gross. Ebenso kann ein Räderwerk einmal in Ruhe, das andere Mal in Bewegung sein. Die Bewegungsenergie ist also nur zufällig an ihren Träger geknüpft. Ebenso verhält sich das Licht. Der Aether ist nicht an sich in Lichtbewegung begriffen, sondern nur da, wo ihm diese Bewegung zufällig von einem leuchtenden Körper mitgeteilt wird; fehlt der leuchtende Körper, so herrscht Dunkelheit. Ein System von elektrischen Leitungen enthält nicht an sich und jederzeit elektrische Energie, sondern nur dann, wenn es mit einer Dynamomaschine, Batterie etc. in Verbindung gebracht wird. Jeder auf der Erde befindliche Körper enthält Wärme, aber wieviel Wärme er in einem gegebenen Augenblick enthält, das hängt davon ab, mit welchen anderen warmen Körpern er vorher zufällig in Berührung gewesen ist; dem einzelnen Körper kann man, ohne seine Existenz als Körper zu beeinträchtigen, Wärme mitteilen oder Wärme entziehen; also ist auch der Wärmegehalt, was die Quantität betrifft, nur eine zufällige Eigenschaft seines Trägers.

Die nichtchemischen Energieformen treten hiernach auf unter der Gestalt von „Naturerscheinungen"; sie erscheinen als Vorgänge, welche zeitweilig und zufällig an bestimmten Trägern wahrnehmbar werden. Der technische Ausdruck, den wir für solche Vorgänge benutzen wollen, lautet: „Sie sind Phänomene." Das handgreiflichste aller Phänomene ist die Bewegung eines materiellen Körpers. Die übrigen Phänomene, welche uns hier vorwiegend interessieren, sind: Der Temperaturüberschuss eines erhitzten Körpers und die aus ihm hervorgehende Wärmeströmung, die Ausstrahlung des Lichtes von einem leuchtenden Körper, die Vorgänge der elektrischen Strömung.

Die Phänomene können entweder vereinzelt auftreten oder in dauernder regelmässiger Folge. Vereinzelt auftretende Phänomene sind z. B. die Bewegung einer Kanonenkugel, das Licht, welches von einem Blitz ausgeht, die elektrische Entladung selbst, welche wir einen Blitz nennen, nebst den etwa durch sie an der Erdoberfläche hervorgebrachten momentanen Wirkungen. Phänomene, welche in regelmässiger Folge auftreten, nennen wir Strömungen im allgemeinsten Sinne. Strömungen, deren Energie mechaniscr Natur ist, sind Wasserfälle und Luftströme. Das Licht der Sonne bildet eine Strömung, welche von der Sonne zur Erde fliesst. Insofern es auf der Erde Wärme erzeugt, bildet es indirekt eine Wärmeströmung. Regelmässige Wärmeströmungen kommen auch an gewissen Lokalitäten der Erde vor z. B. in der Nähe alter Vulkane. (Heisse Quellen, Ströme von Dampf oder heisser Luft, welche aus dem Gestein hervorbrechen.) Dauernde elektrische Strömungen von einer Intensität, welche für die Zwecke der menschlichen Technik in Betracht kommt, sind von Natur auf der Erde nicht vorhanden; sie existieren nur da, wo sie in einem System von Leitern künstlich erzeugt werden. Von den hier erwähnten natürlichen Strömungen ist keine von unendlicher Dauer und keine vollkommen regelmässig; aber sie besitzen doch soviel Dauer und Regelmässigkeit, dass wir mit ihren Wirkungen rechnen und uns auf die Benutzung derselben einrichten können.

Der Mensch bedarf für seine technischen Zwecke bedeutender Energiemengen und ist daher genötigt, sich nach Energiequellen umzusehen. Die natürlichen Energiequellen, welche ihm zu Gebote stehen, lassen sich nach dem Vorstehenden sehr einfach bezeichnen. Sie sind: 1. Die Steinkohle (nebst verwandten Substanzen), 2. die natürlichen Strömungsphänomene, also Wasserfälle,[1]) Luftströmungen, Sonnenlicht und etwa noch natürliche Wärmequellen. Mit der Energie, welche entweder von der Steinkohle oder von den natürlichen Strömungsphänomenen geliefert wird, betreiben wir unsere Maschinerieen.

Die bewegte Maschinerie kann nun selbst wieder benutzt werden, um künstliche Strömungen herzustellen, die ihrerseits als sekundäre Energiequellen dienen. Mit der Maschinerie pumpen wir Wasser in die Höhe oder in einen Druckkessel und verteilen es dann durch eine Röhrenleitung. In dieser Röhrenleitung kann es nicht bloss als Trink-, sondern auch als Druckwasser dienen und kann andere Maschinen betreiben. Ebenso verteilt man Druckluft durch ein Röhrensystem und Elektrizität durch ein System von Drähten. Die Röhren oder Drähte enthalten in diesen Fällen eine künstlich hergestellte Strömung, die als sekundäre Energiequelle für die angehängten Gebrauchsapparate dient.

---

[1]) Hierher gehört auch das Phänomen von Ebbe und Flut. Dasselbe hat indessen z. Z. nur geringe technische Bedeutung, weil es übermässig grosse Anlagen erfordert, wenn es praktisch nutzbar gemacht werden soll. Es wird daher hier und im folgenden ausser Betracht gelassen.

Zweiter Abschnitt.

Energie und Wert.

Es würde zu weit führen, den Begriff „Wert“ im folgenden durch alle seine möglichen Phasen zu verfolgen. Die sogenannten Affektionswerte, für die sich überhaupt keine rationelle Schätzung angeben lässt, sollen unberücktigt bleiben, und für die in Geld schätzbaren Lebensgüter sollen normale Marktverhältnisse vorausgesetzt werden.

Bestimmend auf die Wertschätzung eines Gegenstandes wirkt, wenigstens annähernd, in erster Linie sein Gebrauchswert. Besitzer bezw. Käufer schätzen ihn (Affektionswert immer ausgeschlossen) nach dem Nutzen, den er beim Gebrauch für sie hat oder haben soll. Trotzdem kommen aber bei der Wertschätzung auch die Kosten in Betracht, welche für die Herstellung und Anlieferung des Gegenstandes aufgewendet werden mussten. Denn wenn die Schätzung nach dem Gebrauchswert dauernd zu einem Preise führt, der niedriger ist als die Summe der Herstellungs- und Anlieferungskosten, so gehen die Besteller und Anlieferer des Gegenstandes zu Grunde, und der Gegenstand selbst verschwindet vom Markt. Es giebt daher unter normalen Verhältnissen für die kaufbaren Gegenstände ein durch die Herstellung bestimmtes niedrigstes Preisniveau, unter welches die Schätzung überhaupt nicht hinabsteigt. Infolge dessen sind wir hier veranlasst, nicht bloss die Gebrauchswerte, sondern auch die Summe von Herstellungs- und Anlieferungskosten, welche wir kurz als Herstellungswert bezeichnen wollen, in Betracht zu ziehen.

Wir betrachten nun einige Wertgegenstände verschiedener Kategorien mit Bezug auf den Ursprung ihres Herstellungswertes und auf die Bedeutung ihres Gebrauchswertes.

§ 1. Tiere, z. B. ein Pferd. Das Pferd baut seinen Körper auf aus pflanzlichen Nahrungsmitteln, die vor der Geburt durch seine Mutter, nach der Geburt, soweit es sich um die Muttermilch handelt, von der Mutter, soweit es sich um Gras, Hafer und andere Vegetabilien handelt, von ihm selbst aus dem Pflanzenreich entnommen werden. Wir haben nun oben gesehen, dass alle Pflanzenteile nichts anderes sind als angesammelte Energie des Sonnenlichtes, also folgt ohne weiteres, dass das Pferd nichts anderes ist als ein Produkt aus angesammelter Energie des Sonnenlichtes.

Wenn indessen das Pferd nur als Wesen, in dem überhaupt Sonnenenergie zum Vorschein kommt, Wert hätte, so müssten alle Pferde, die noch schätzungsweise dieselbe Lebenszeit vor sich haben, bei gleichem Gewicht ungefähr gleichwertig sein. Bekanntlich ist das nicht der Fall. Es giebt feinere und schwerere Rassen, gewöhnliche Individuen und andere, die teurer bezahlt werden als der Mittelschlag. Die besonderen Rasseneigentümlichkeiten der besseren Tiere sind das Ergebnis einer jahrhundertelangen Zuchtwahl in Verbindung mit Pflege und Trainierung. Mit anderen Worten, es steckt in den teuer bezahlten Rassen und Individuen eine in langer Zeit angehäufte Summe von menschlicher Arbeit, und diese Arbeit ist teils körperliche Arbeit, also Energie in unserem Sinne, teils verständige Leistung, also geistige Arbeit. Es leuchtet hiernach ein, dass man behaupten kann, der Herstellungswert eines Pferdes sei durch die in dem Tier steckende Energie und geistige Arbeit bestimmt.

Auf der anderen Seite erhält das lebende Tier seinen Gebrauchswert dadurch, dass es zum Reiten, Fahren, Karrenziehen etc. benutzt wird. Alle diese Thätigkeiten sind, wie man ohne weiteres sieht, Arten der mechanischen Arbeit, also beruht auch der Gebrauchswert eines Pferdes auf den Energiewirkungen, die es liefert. Diese Energiewirkungen stempeln aber allein noch nicht das einzelne Pferd zu dem „Wertwesen", welches es für den Gebrauch ist. Im allgemeinen kommen dazu die geistigen Eigenschaften, insbesondere seine Gelehrigkeit, ohne die es überhaupt nicht zu gebrauchen sein würde. Im besonderen wird noch Wert gelegt auf die Eigenschaften der Ausdauer, der Rennfähigkeit etc. Diese letzteren Eigenschaften laufen darauf hinaus, dass das Tier die Fähigkeit hat, seine Energie einesteils sehr vollständig, anderenteils in möglichst konzentrierter Form (konzentriert auf eine kurze, aber höchst intensive Leistung) auszugeben; sie sind erworben durch Zuchtwahl und Trainierung, also durch menschliche Energie und geistige Arbeit.

Unser Beispiel führt also zu dem Ergebnis, dass sowohl der Herstellungs- wie der Gebrauchswert eines lebenden Pferdes auf Energie und geistiger Arbeit beruht.

Genau dieselbe Betrachtung gilt für einen Hund oder irgend ein anderes Tier. Bei Fleischfressern stammt das Energiephänomen, dem sie ihr Dasein verdanken, nicht direkt aus dem Pflanzenreich, aber die Fleischfressser nähren sich in letzter Instanz von Pflanzenfressern, also erhalten sie ihre Energie indirekt von den Pflanzen. Bei einigen Tieren, z. B. Hunden, treten die geistigen Eigenschaften stärker hervor.

Bei manchen Tieren verwendet man die Energie ihrer Bewegung überhaupt nicht, oder sie tritt gegen andere Leistungen zurück. Vor allem ist dies der Fall bei Milch- und Schlachttieren. Milchtiere, überhaupt alle Tiere, deren Absonderungen aus dem lebenden Körper wir verwenden, liefern dem Menschen Produkte, in denen eine gewisse chemische Energie aufgespeichert ist. Wir verwenden diese Energie, z. B. diejenige der Milch, durch Verzehren des Produktes, und der Wert, den das Tier für uns hat, beruht eben darauf, dass es uns eine gewisse Summe von chemischer Energie in einer für unsere Zwecke besonders passenden Form zur Verfügung stellt.

Endlich werden die Tiere getötet, und ihr Fleisch, ihr Fell, ihre Knochen werden benutzt. Das Fleisch der Schlachttiere hat für den Menschen den Wert eines Nahrungsmittels, d. h. es liefert ihm chemische Energie, aufgespeichert in einer Form, in welcher sie dem Blute bequem durch den Nahrungskanal zugeführt werden kann.

Felle und Knochen können durch technische Bearbeitung nutzbar gemacht werden. Die Art des Gebrauchswertes, welchen sie hierdurch erhalten, soll bald in umfassenderem Zusammenhange erörtert werden.

Sehen wir vorläufig von Fell und Knochen des toten Tieres ab, so lässt sich hiernach ganz allgemein der Satz aufstellen: Der Herstellungswert eines Tieres beruht vollständig auf der in ihm enthaltenen Energie und geistigen Arbeit, der Gebrauchswert beim lebenden Tier wieder auf Energie und geistigen Eigenschaften, beim toten wesentlich auf dem chemischen Energiegehalt seines Fleisches.

Wir treffen also gleich hier auf Energie und geistige Arbeit als einzig wertbestimmende Begriffe. In weitestem Sinne gilt das sogar für Raubtiere und Ungeziefer, deren Lebensenergie mit einem negativen Wert in Rechnung zu setzen ist, insofern der Besitzer Geld dafür zahlt, bezw. zahlen würde, sich von der Energie der ungebetenen Gäste zu befreien.

§ 2. Pflanzen. Wie im ersten Abschnitt gezeigt wurde, sind alle Pflanzen nichts anderes als Phänomene, an denen sich die Energie des Sonnenlichtes durch Bildung bestimmter Formen und bestimmter chemischer Produkte, wie Früchte, Holz, Heu etc. bethätigt. In ihrem Herstellungswert steckt daher vor allem Energie des Sonnenlichtes, dann aber auch die menschliche und tierische Thätigkeit, welche erforderlich wurde, um die Pflanzen gerade in der vom Menschen gewünschten Art und an den von der Menschheit hierfür okkupierten Plätzen wachsen zu lassen. Diese ganze menschliche und tierische Thätigkeit ist teils Energie in unserem Sinne, teils geistige Thätigkeit. Man ersieht also ohne weiteres die Richtigkeit des Satzes: Der Herstellungswert pflanzlicher Produkte beruht auf der in ihnen enthaltenen Energie und geistigen Arbeit.

Bei Pflanzenteilen tritt schon wesentlich stärker als bei Tieren hervor, dass der Gebrauchswert derselben auf zweierlei Arten der Verwendung beruht.

a) Verbrauch im eigentlichen Sinne. Die Pflanzenteile werden gegessen, verbrannt oder irgendwie sonst in einer Weise verbraucht, welche ihre Existenz als Pflanzenteile aufhebt. Insofern dies geschieht, sind die Pflanzenteile einfach als Träger chemischer Energie zu betrachten und dienen dem Gebrauch eben indem sie diese chemische Energie abgeben. Der Hafer, den das Pferd frisst, ernährt vermöge seiner chemischen Energie das Tier; das Brennholz giebt, wenn es verbrannt wird, seine chemische Energie in Form von Wärme ab und wird dadurch nutzbar. Beim Verbrauch kommt also wesentlich die chemische Energie der Pflanzenteile als wertbestimmend in Betracht.

b) Formwert. Tote Tflanzen lassen unter Umständen Teile zurück, welche geeignet sind, durch mechanische Bearbeitung in eine bestimmte Form gebracht zu werden, diese Form dauernd zu behalten und eben durch dieselbe nutzbar zu werden. Man kann z. B. aus dem Holz einer toten Pflanze einen Tisch, eine Statue, einen Wagen, eine Thür etc. machen. Alle diese aus Holz bestehenden Gegenstände sind zunächst wieder kondensierte Energie des Sonnenlichtes und haben als solche einen gewissen Brennwert, der zum Vorschein kommt in dem Augenblick, wo man sie als Brennholz verwendet. Dieser Brennwert tritt indessen bei ihnen zurück gegen die besondere Gebrauchsfähigkeit, welche sie durch die ihnen mitgeteilte Form erhalten. Um ihnen diese Form zu geben, ist zunächst ein gewisser Aufwand von mechanischer Arbeit und von geistiger Thätigkeit erforderlich: Die Hölzer müssen gesägt, gehobelt etc. werden, und diese Thätigkeit muss intelligent geleitet sein, wenn sie zur Herstellung eines brauchbaren Gegenstandes dienen soll. Durch die Bearbeitung erhöht sich also ihr Herstellungswert um die Summe von aufgewandter Energie und geistiger Thätigkeit. Die letztere überwiegt die mechanische Energie vollständig bei Kunstwerken. Dementsprechend ist auch der Gebrauch, den man von einem hölzernen Kunstwerk macht, ein wesentlich geistiger, er beruht auf derjenigen geistigen Thätigkeit, zu der das Betrachten des Kunstwerkes Veranlassung giebt. Die geistige Thätigkeit tritt zurück und die mechanische Nutzbarkeit bestimmt wesentlich den Gebrauchswert bei den übrigen, nicht künstlerischen Produkten. Ein Tisch z. B. ist, soweit er keinen Kunstgegenstand darstellt, für den Gebrauch nichts anderes als eine Vorrichtung zum Darauflegen von Gegenständen, d. h. er ist eine Vorrichtung, um diese Gegenstände in bestimmter Höhe und Anordnung festzuhalten, und das heisst nach Abschnitt I § 1 er ist eine Vorrichtung, um mechanische Arbeit aufzuspeichern. Aehnlich verhält es sich mit einem Fahrzeug. Man nehme z. B. an, dass ein Sack Mehl am Orte A. auf einen Wagen geladen und am Orte B. wieder abgeladen wird. Mechanisch betrachtet heisst das: Am Orte A. wird zunächst eine gewisse Energie darauf verwendet, den Sack auf die Höhe des Wagens zu heben.

Der Wagen hält zunächst den Sack auf dieser Höhe, konserviert also die Hebungsenergie, welche dem Sack erteilt worden ist. Dann wird vor den Wagen ein Pferd gespannt; dieses Pferd zieht den Wagen, d. h. es thut mechanische Arbeit, und wenn es soviel Arbeit geleistet hat, dass der Wagen in B. angekommen ist, wird der Sack vom Wagen herabgerollt, d. h. die in ihm enthaltene Höhenenergie wird in lebendige Kraft des Fallens verwandelt, und diese lebendige Kraft verwandelt sich, wenn der Sack auf dem Boden zur Ruhe kommt, in Wärme. Die physikalische Betrachtung des Prozesses würde sich etwas modifizieren, je nachdem das Pferd den Wagen auf horizontaler Bahn oder bergauf und bergab zieht. Es ist aber nicht nötig, hierauf näher einzugehen, da man auf den ersten Blick sieht, dass es sich hierbei immer nur um modifizierte mechanische Energieleistung des Pferdes handeln kann. Was der Wagen als Gebrauchsgegenstand leistet, ist durch die einfache Betrachtung auf jeden Fall festgestellt: Einerseits dient er dazu, die Höhenenergie des Mehlsackes aufzuspeichern, andererseits dient er dazu, die Energie des vorgespannten Pferdes so zu dirigieren, dass sie den Sack an die gewünschte Stelle schafft und dies mit einem Minimum von Anstrengung des Pferdes.

Hier kommen wir nun in ein Gebiet der Betrachtung, welches weit über die Gegenstände pflanzlichen Ursprungs hinausgeht. Die Betrachtung soll daher sofort weiter ausgedehnt werden, und wir begnügen uns hier mit der Feststellung: Der Herstellungswert aller aus dem Pflanzenreich stammenden Gegenstände beruht auf der in ihnen enthaltenen Energie und geistigen Arbeit, ihr Gebrauchswert ist entweder Verbrauchswert und beruht dann ausschliesslich auf ihrer chemischen Energie, oder er ist Formwert und beruht dann auf ihrer Fähigkeit, Energie aufzuspeichern und zu dirigieren.

§ 3. Die Einteilung in Verbrauchswerte und Formwerte reicht weit über die Gegenstände organischen Ursprungs hinaus und ist von ganz allgemeiner Bedeutung. Alle brauchbaren Gegenstände teilen sich in die beiden Klassen, welche hier als Verbrauchswerte und Formwerte bezeichnet werden sollen. Verbrauchswerte sind solche, bei deren Verwendung der Verbrauch des Stoffes wesentlich ist und deren Brauchbarkeit darauf beruht, dass sie bei der Konsumtion ein gewisses Mass von Energie abgeben; sie haben die charakteristische Eigenschaft, dass ein und derselbe Gegenstand nicht zweimal demselben Gebrauche dienen kann (z. B. ein Stück Kohle, welches nicht zweimal verbrannt, oder ein Stück Käse, welches nicht zweimal gegessen werden kann); Formwerte sind solche, die beim Gebrauch im wesentlichen erhalten bleiben und die deswegen wiederholt zu dem gleichen Dienst benutzt werden können (z. B. mit einem Messer kann man mehrmals nach einander schneiden).

a) Verbrauchswerte. Ausser den schon betrachteten Verbrauchswerten organischen Ursprungs bietet das wichtigste, verbreiteste und bekannteste Beispiel dieser Klasse von Werten die Steinkohle. Ihre Bedeutung ist allen anderen Verbrauchsgegenständen gegenüber so überragend, dass sie hier ausschliesslich näher ins Auge gefasst werden soll.

Was zunächst die Herstellung der Steinkohle angeht, so sind die Steinkohlen bekanntlich fossile Pflanzen, also ihrer Natur nach fossil aufgespeicherte Energie des Sonnenlichtes. Diese Energie des Sonnenlichtes lässt sich aber (soweit es sich um Ursprung, nicht um Gebrauch handelt) nicht in Geld beziffern, da sie von vorn herein gratis und, soviel bekannt, lange vor aller menschlichen Arbeit geliefert wurde. Die Steinkohle erscheint also zunächst als ein Fundgegenstand ohne Herstellungswert. Um sie brauchbar zu machen, muss sie losgehackt und an die Stellen des Gebrauches transportiert werden. Hierzu ist ein gewisser Aufwand von menschlicher Energie und eventuell von Energie der Transportmittel erforderlich. Die Steinkohle erweist sich also in erster Linie als ein Gegenstand, dessen Gewinnung wesentlich aufgewandte Energie repräsentiert. Wenn die Berggerechtsame nichts kosteten, wenn die Kohle jedem Beliebigen, der an sie herantritt, zur Verfügung stände, würde der Bergmann sie auf den Markt bringen können zu dem Preise, den er für Abteufen, Loshacken, Abfuhr etc. gezahlt hat, nachdem er diese Kosten um einen Gewinnaufschlag von mittlerem Betrage erhöht hat. Thatsächlich ist aber der Preis, den die Kohle auf dem Markt erzielen kann, erheblich höher, als er sich bei dieser Berechnung herausstellen würde, und dadurch bekommt die Kohle schon in situ in der Erde einen in Zahlen ausdrückbaren Wert. Ueberall wo geordnete Rechtsverhältnisse sind, existieren daher auch Berggerechtsame, und die Besitzer der Kohlenbergwerke sind in der Lage, für diese Gerechtsame noch einen besonderen Preis zu zahlen; dieser Preis ist zu den soeben erwähnten übrigen Posten der

Herstellung zu addieren, wenn man den gesamten Herstellungswert der Kohle beziffern will. Der gesamte Herstellungswert der Kohle besteht hiernach aus einem Teil, der sich direkt als Energie, welche auf ihre Loslösung etc. verwendet wurde, beziffern lässt, und aus einem zweiten Teil, der seine Begründung im Gebrauchswert, d. h., wie sich gleich zeigen wird, in der in der Kohle selbst enthaltenen chemischen Energie findet.

Der Verbrauchswert der Kohle beruht in der grossen Ueberzahl der Fälle einfach darauf, dass sie beim Verbrennen Hitze liefert, d. h. er wird bestimmt durch die in der Kohle enthaltene chemische Energie, welche beim Verbrennen derselben in Wärme umgesetzt und in dieser Form teils direkt, teils indirekt verwendet wird. Die direkte Verwendung besteht in der Erwärmung des Menschen selbst und der mannigfaltigen Gegenstände, die, um für ihn brauchbar zu sein oder zu bleiben, der dauernden oder gelegentlichen Erwärmung bedürfen, die indirekte darin, dass die Wärme verwendet wird, um Dampfmaschinen etc. zu treiben, welche ihrerseits die Wärme in nutzbare mechanische Arbeit umsetzen, oder auch darin, dass man mittels der Wärme chemische Prozesse einleitet, also chemische Energiewerte verändert.

Unter Umständen dient die Kohle nicht bloss zur Erzeugung von Wärme, sondern sie wirkt auch, und zwar meistens in der von ihr selbst erzeugten hohen Temperatur als sogenanntes Reduktionsmittel. Sie scheidet z. B. Metalle in der Hitze aus den Erzen ab. Auch das geschieht nur vermöge der ihr innewohnenden chemischen Energie, sodass auch bei dieser Verwendung die Energie den Gebrauchswert bestimmt.

Wir kommen also zu dem Schluss: Der Herstellungswert der Kohle beruht zum Teil auf Energie der mechanischen Arbeit, zum Teil auf dem Gebrauchswerte der in ihr enthaltenen Energie, der Gebrauchswert beruht rein auf der in ihr enthaltenen chemischen Energie.

Es mag nur ganz kurz darauf hingewiesen werden, dass Leuchtgas, Petroleum und ähnliche Dinge nichts anderes sind als Präparate, die durch Destillation aus Kohle oder anderen organischen Produkten gewonnen werden und die ganz wie die Kohle ihre allgemeine Bedeutung nur dadurch haben, dass sie beim Verbrennen ihre Energie in Wärme umsetzen. Ihre besondere Verwertbarkeit beruht darauf, dass sie bequemer als die einfache Steinkohle gestatten, ihre Energie auf bestimmte Stellen zu konzentrieren und sie gerade da austreten zu lassen, wo man sie für spezielle Zwecke braucht, z. B. in Lampen, Kochherden, Gebläsen und dgl.

b) Formwerte. Wir heben aus diesen zunächst diejenigen heraus, die dem täglichen Gebrauche als Werkzeuge im weitesten Sinne des Wortes dienen. Unter Werkzeug sei dabei alles verstauden, was zu irgend einer mechanischen Dienstleistung benutzt wird.

Als erstes Beispiel betrachten wir einen landläufigen Gegenstand, etwa eine Messerklinge. Der Herstellungswert derselben setzt sich aus folgenden Posten zusammen:

1. Preis des Erzes in situ, motiviert durch dieselbe Betrachtung, welche unter a) für die Steinkohle angestellt wurde.

2. Abteufen der Schächte und Stollen, Loshacken des Erzes und Transport zum Hochofen — menschliche Energie, bezw. Energie der in der Lokomotive etc. verwandten Steinkohlen.

3. Ausschmelzen des Eisens im Hochofen und Raffinieren desselben — Energie der Steinkohle und menschliche.

4. Walzen und Verstählen — wieder Energie von Dampfmaschinen und menschlichen Händen, sowie chemische Energie der Kohle für den Verstählungsprozess.

5. Formen und Schleifen der Klinge — wesentlich Energie menschlicher Arbeit, sowie kleinerer Maschinen, die ihrerseits wieder durch Dampfmaschinen, also unter Verbrauch von Kohlenergie angetrieben werden.

Man braucht sich nur zu überlegen, was erforderlich ist, um eine Messerklinge zu fassen, dann sieht man sofort, dass auch bei dem Prozess des Fassens immer wieder die menschliche Arbeit in Verbindung mit der Energie derjenigen Kohle, welche die Maschinen treibt, für den Kostenaufwand bestimmend wird. Man bemerkt ferner, dass die hier angestellten Betrachtungen auch ohne weiteres auf Gegenstände organischen Ursprungs Anwendung finden, z. B. auf Knochen, Elfenbein etc. Die unter § 1 reservierten, der Bearbeitung zugänglichen Reste tierischen und pflanzlichen Ursprungs finden also hier ihre Erledigung.

Was den Gebrauchswert angeht, so dient ein Messer bekanntlich zum Schneiden. Schneiden aber heisst den Widerstand überwinden, welchen ein Gegenstand seiner Zerteilung entgegensetzt. Schneiden heisst also Arbeit leisten, und der Zweck, den man durch die Anwendung des Messers dabei verfolgt, ist von doppelter Art: Erstens dient die Messerklinge dazu, die Arbeit des schneidenden Menschen unter dem Einfluss seiner Intelligenz zu dirigieren, sie so zu lenken, dass bei der Zerteilung die gewünschte Form herauskommt. Zweitens dient das Messer dazu, diese Arbeit auf ein geringstes Mass zu reduzieren, also Energie zu ersparen.

Hiernach ergiebt sich für unseren Gegenstand: Sein Herstellungswert setzt sich aus Energie und geistiger Arbeit zusammen, und sein Gebrauchswert beruht darauf, dass er Energie in passender Weise dirigiert.

Der Sprung von einer einfachen Messerklinge zu einer vollständigen Dampfmaschine mit Kessel und allem Zubehör scheint ein sehr weiter zu sein, und doch findet auf die Dampfmaschine eine vollständig analoge Betrachtung Anwendung. Der Herstellungswert derselben setzt sich zusammen aus dem Wert der Erze, denen die in der Maschine verwendeten Metalle entstammen, aus der chemischen Energie der Steinkohle, welche beim Schmelzen, Raffinieren etc. verwendet wurde, und aus der zum Teil von Menschen, zum Teil von Maschinen gelieferten Energie, welche dazu gedient hat, die Bestandteile der Maschine zu formen und zusammenzusetzen. Der Gebrauchswert der Maschine besteht darin, dass die Energie der unter dem Kessel verbrennenden Kohle vermittels des Dampfes in mechanische Bewegung verwandelt und in Form dieser mechanischen Bewegung für technische Zwecke nutzbar gemacht wird. Derselbe beruht also auch hier wieder darauf, dass die Maschine die zugeführte Kohlenenergie zweckmässig dirigiert.

Die im vorstehenden ausgeführten Betrachtungen lassen sich so leicht und so vollständig auf alle Gegenstände des mechanischen Gebrauchs übertragen, dass es gestattet sein wird, ohne weiteres Eingehen den Schluss auszusprechen: Gegenstände des mechanischen Gebrauchs jeder Art verdanken ihren Wert ausschliesslich der Energie in Verbindung mit geistiger Arbeit.

Das Wort „mechanischer Gebrauch“ im vorigen ist im allerweitesten Sinne zu nehmen. Zu den Gegenständen des mechanischen Gebrauchs gehören z. B. auch Kleider. Die Fasern, aus denen sie bestehen, sind tierischen und pflanzlichen Ursprungs, also in letzter Linie Energie des Sonnenlichtes; bei der Verarbeitung wird maschinelle Energie und geistige Arbeit auf sie verwendet. Ihr Gebrauchswert besteht darin, dass sie die Wärmeenergie des menschlichen Körpers zusammenhalten und sie vor Zerstreuung in die Luft schützen, also ist auch bei ihnen der Herstellungswert durch Energie und geistige Arbeit, der Gebrauchswert durch Direktion von Energie bedingt. Mutatis mutandis gilt dasselbe auch z. B. für ein Wohnhaus, dessen Gebrauchswert darin besteht, dass es die Insassen gegen die schroffen Temperaturunterschiede und gegen unbequeme Wirkungen der natürlichen Energieströmungen sowie gegen unerwünschte Thätigkeit anderer Menschen schützt.

Es giebt ganze Kategorien von Gegenständen, die nicht mechanisch gebraucht, sondern nur zur Schau gestellt oder besessen, bezw. dem Besitzwechsel unterworfen werden. Dahin gehören Kunstwerke, bei deren Herstellung die geistige Arbeit eine so überwiegende Rolle spielt, dass sie nahezu allein in Betracht kommt. Ferner Seltenheitswerte wie Diamanten und Edelmetalle. Diamanten haben, soweit sie nicht dem nebensächlichen Zwecke des Glasschneidens dienen, keinen abschätzbaren Gebrauchswert; ihr Preis richtet sich wesentlich nach dem Herstellungswert. Ihr Herstellungswert scheint auf den ersten Blick, wenigstens in vielen Fällen, den Betrag Null zu haben; ein Glücklicher findet den Diamanten unter Umständen, ohne auf das Aufsuchen desselben eine besondere Mühwaltung verwendet zu haben. Aber auf den einen Glücklichen, der ihn findet, kommen tausende, die vergeblich oder mit schwerer Arbeit nach ihm suchen, und der Käufer muss indirekt die verlorene Arbeit der Tausende bezahlen, welche vergeblich gesucht haben. Wenn jeder, der sich mit Suchen befasst, in der Lage wäre, Diamanten so leicht zu finden wie man Flusskiesel findet, so würde der Diamant auch nicht teurer sein als ein Flusskiesel.

Von Edelmetallen sei als Beispiel nur das Gold erwähnt. Da ist jetzt schon allgemein bekannt, dass das Gold mittelst mühsamer, schwer bezahlter Arbeit, häufig in mehr oder weniger unwirtlichen Gegenden gewonnen wird. Es verdankt seinen hohen Preis der Menge von Energie, die unter erschwerenden Umständen auf seine Herstellung verwendet werden muss, und wenn einmal ein Glücklicher ohne schwere Arbeiten ein Nest von Goldklumpen findet, so kommt ihm zwar der Glücksfall unverhältnismässig hoch zu Gute, aber nur deshalb, weil das Gold im allgemeinen im Preise hoch steht, weil also der Finder mitbezahlt wird für die Arbeit, welche andere Menschen thun müssen, um unter Durchschnittsbedingungen Gold zu gewinnen.

Wir kommen also zu dem Schluss, dass auch die Seltenheitswerte ihren Ursprung, soweit er nicht auf geistiger Arbeit beruht, der Energie verdanken.

Was den Gebrauchswert angeht, so dienen sie einesteils zum Schmuck, d. h. sie dienen einem, wenn auch unter Umständen recht untergeordneten geistigen Gebrauch. Anderenteils wird das Gold bekanntlich als Geld benutzt, d. h. es wird gegen Werte eingetauscht, die ihrerseits wieder unter Energieaufwand hergestellt sind und energetischen Gebrauchswert haben. Sofern es Kapital ist, dient es dazu, Menschen die Mittel zur Arbeit zu geben, und trägt in dieser Eigenschaft Zinsen; d. h. es erhält seinen dauernden Wert dadurch, dass es den Arbeiter seinem Eigentümer tributpflichtig macht, anders ausgedrückt, es bringt einen Teil von der Energie der Arbeiter, der Motoren etc. in den Besitz des Eigentümers.

In Ländern mit Goldwährung hat alles Geld, welches nicht Gold ist, einen indirekten Wert dadurch, dass es eine gewisse Menge von Gold gesetzlich repräsentiert. In Ländern, in welchen statt des Goldes ein anderes Metall die Währungsgrundlage bildet, gelten dieselben Erwägungen für dieses andere Metall.

Wir kommen also zu dem ganz allgemeinen Schlusse: Auch die Formwerte verdanken ihren Herstellungswert der Energie und geistigen Arbeit, und ihr Gebrauchswert beruht, soweit er nicht geistiger Art ist, darauf, dass sie Energie dirigieren, bezw. tributpflichtig machen.

§ 4. Wertphänomene. Wir haben bisher nur sachliche Gegenstände ins Auge gefasst; es giebt aber auch Phänomene, die Wert haben. In der Regel handelt es sich dabei um Strömungsphänomene, und die Voraussetzung dafür, dass sie dem Menschen dienstbar gemacht werden können, besteht darin, dass sie eine gewisse Regelmässigkeit besitzen. Ein vulkanischer Ausbruch ist ein Phänomen, bei dem eine ungeheure Menge von Energie zum Vorschein kommt, er ist aber wegen der Unregelmässigkeiten, die mit seinem Auftreten verknüpft sind, technisch nicht zu verwenden. Ebenso steht es um Hochwasser; brauchbar dagegen sind vor allen Dingen Wasserfälle, in gewissem Grade die Windbewegungen, ferner das Licht, endlich künstlich erzeugte Strömungen von Wasser oder Druckluft und elektrische Strömungsphänomene. Flammen, die an einer bestimmten Stelle aus dem Boden hervorbrechen, können gleichfalls nutzbar gemacht werden, wenn sie regelmässig auftreten, und sind in der That schon technisch benutzt worden. Doch wollen wir uns hier auf die Betrachtung der näherliegenden häufigen Vorkommnisse beschränken.

a) Wasserfälle. Die Wasserfälle sind diejenigen Wertphänomene, welche in der Praxis am leichtesten auffallen. Wie im ersten Abschnitt gezeigt wurde, kann ein Wasserfall eine gewisse Menge von Energie in der Sekunde liefern, die durch das Produkt aus der Fallhöhe in die Zahl der pro Sekunde durchgehenden Liter bestimmt wird. Den Wasserfall an sich liefert die Natur gratis, er bekommt aber in zivilisierten Ländern einen künstlichen Wert dadurch, dass die von ihm gelieferte Energie relativ hoch bezahlt wird. Ausserdem muss er, um zu arbeiten, gefasst werden, und nur derjenige Teil desselben, der thatsächlich gefasst ist, hat wirklichen Gebrauchswert; ein etwa ungefasster Teil wird vom Eigentümer praktisch derelinquiert. Wir setzen also im folgenden voraus, dass der Wasserfall oder derjenige Teil eines solchen, mit dem wir uns beschäftigen, gefasst sei.

Der Herstellungswert eines Wasserfalls besteht dann aus zwei Teilen, erstens dem Grundpreis, mit welchem ihn der Eigentümer wegen seines Gebrauchswertes in Rechnung setzt (vergl. den vorigen Absatz, sowie das oben über Kohlen und Erze Gesagte), zweitens die Kosten der Fassung nebst Gebäuden und maschinellen Vorrichtungen, die für die zweckmässige Verwendung erforderlich sind.

Der Gebrauchswert des Wasserfalles beruht darauf, dass in dem gefassten Teil eine gewisse Leistungsmenge zur Verfügung steht. Ist die Fallöhe h, die in der Sekunde durchfliessende Wassermenge i, so ist die Bruttoleistung des Wasserfalles i h, und je nach der Güte der Fassung wird ein bestimmter Prozentsatz dieses Produktes thatsächlich in der Maschinerie verwertet. Dieser Prozentsatz z. B. beträgt bei guten Turbinen ca. 70 bis 75%, und dieser Prozentsatz macht den ganzen Gebrauchswert des Wasserfalles in seinem jeweiligen Zustande aus. Wir kommen also zu der Folgerung, dass der Wert eines Wasserfalles rein auf der von ihm gelieferten Energie beruht.

b) Luftströmungen. Eine Luftströmung wird gefasst durch Aufstellung einer Windmühle und kommt, ganz wie ein Wasserfall, für den Gebrauch nur insofern in Betracht, als sie thatsächlich gefasst ist. Da die Luftströmungen nicht wie die Wasserfälle lokalisiert sind, kann man nicht davon reden, dass sie an sich einen Wert hätten; dies könnte etwa der Fall sein, wenn bestimmte Lokalitäten so gelegen sind, dass sie fortwährend oder mehr als andere einem günstigen Luftzuge ausgesetzt sind. Dann würde die besondere Beziehung einer solchen Lokalität zur Luftströmung sich darin äussern, dass das betreffende Grundstück als „zur Anlage einer Windmühle besonders geeignet" einen erhöhten Preis erzielt. Im übrigen stecken die Herstellungskosten in der Errichtung der Windmühle. Der Gebrauchswert derselben liegt genau wie beim Wasserfall in der von den Windflügeln aufgefangenen Energie der Luftströmung und in dem nutzbar an die Maschinerie abgegebenen Teil derselben.

c) Künstlich hergestellte Strömung von Wasser oder Luft in einem Röhrennetz kann unter Umständen als bequemes Mittel zur sogenannten „Kraftverteilung" dienen. In Wirklichkeit wird dabei Energie verteilt. Man wendet maschinelle Energie auf, um das Wasser zu heben oder die Luft zu komprimieren, und die Energie, welche diese beiden Stoffe dadurch bekommen, geben sie an zahlreiche kleine Betriebsapparate ab. Der Herstellungswert liegt in den Kosten der Maschinerie und der Röhrenleitung, die ihrerseits wieder Energiewerte enthalten, ferner in der etwa verbrauchten Kohle, also in der chemischen Energie des Brennstoffs; der Gebrauchswert liegt in der abgegebenen Energie.

d) Ein elektrisches Leitungsnetz ist dem unter c) erwähnten Röhrennetz ganz analog. Im Centrum wird aus der chemischen Energie der Steinkohle oder aus der mechanischen Energie eines Wasserfalles elektrische Energie erzeugt, und an den Gebrauchsstellen im Netz wird sie abgegeben. Der Herstellungswert beruht auf den Kosten der Maschinerie und der verbrannten Kohle, der Gebrauchswert darauf, dass die elektrische Energie an passenden Stellen in Wärme, Licht oder mechanische Energie umgesetzt wird.

e) Eigentlich gehören hierher auch die lebenden Organismen. Sie sind nicht Dinge, sondern Erscheinungen. Ein Pferd z. B. besteht nicht wie ein Stein beständig aus denselben Teilen, sondern es ist nur die Form, in welcher einerseits durch die Nahrung immer wieder neue Teilchen eintreten und andererseits durch Atmung, Transpiration etc. immer wieder andere Teilchen austreten. Wenn das Reichsgericht einem Philosophen als Sachverständigen die Frage vorlegte, ob ein Pferd eine körperliche Sache sei, so müsste derselbe korrekterweise die Antwort geben: Nein. Aber der Prozess des Stoffumtausches geht bei den Organismen so langsam und unmerklich vor sich, dass er populär durchaus ignoriert wird. Man behandelt das Pferd und jeden anderen Organismus als körperliche Sache. Juristisch hat das auch seine Berechtigung, weil der Organismus in seinem jeweiligen Bestande greifbar und transportierbar ist und weil, wenn man ihn in einem gegebenen Augenblick in seine Gewalt bringt, man damit auch die Verfügung über seine künftige Existenz als Phänomen erhält. Wir wollen daher auf die Phänomennatur der Organismen hier keinen Nachdruck legen.

f) Das Sonnenlicht ist gleichfalls eine Energieform.

Die Wärme erzeugende Wirkung desselben wird im allgemeinen, namentlich in unseren Breiten, als Gemeingut behandelt. In regenlosen Ländern werden die Sonnenstrahlen gelegentlich durch grosse Brennspiegel auf kleine Dampfkessel konzentriert und dienen durch Erhitzung dieser Kessel zur Erzeugung mechanischer Energie. Hier ist also der Brennspiegel die Fassung, und die Kosten seiner Herstellung bedingen den Herstellungswert; die gelieferte Energie bedingt den Gebrauchswert.

Insofern das Sonnenlicht die Pflanzen wachsen lässt, ist praktisch der Acker die Fassung, mit deren Hülfe es aufgefangen und verwertet wird. Der Acker bekommt seinen Wert eben dadurch, dass er geeignet ist, Sonnenlicht aufzufangen; ausserdem bedarf er der Bearbeitung durch Menschen, Tiere und Maschinen, also eines gewissen jährlichen Energieaufwandes. Der Gebrauchswert beruht auf dem Energiegehalt der auf dem Acker gewachsenen Pflanzenteile.

Dritter Abschnitt.

Der Rechtsschutz.

§ 1. Der Inhalt der beiden ersten Abschnitte gipfelt in dem Satz, dass aller Wert auf Energie und geistiger Arbeit beruht. Da die vorliegende Untersuchung sich nur mit materiellen Werten befassen will, lassen wir die geistige Arbeit bei Seite und betrachten die Werte, insofern sie Energie enthalten, dirigieren oder abgeben.

Da führt nun die bisherige Untersuchung zu einem Einteilungsprinzip, welches in der Lehre vom Wert und vom Besitz überhaupt nicht genügend beachtet zu sein scheint und welches lautet; Die geldwerten Lebensgüter zerfallen ihrer materiellen Seite nach in zwei a priori gleichberechtigte Kategorieen, nämlich Sachen und Phänomene.

Sobald die vorstehenden Sätze einmal ausgesprochen sind, ergeben sich unmittelbar und unabweisbar die Konsequenzen aus ihnen, nämlich die Sätze:

1. Das eigentliche und primäre Objekt des Rechtsschutzes ist die Energie.

2. Der Sache steht im Recht das Energiephänomen gegenüber, und zwar a priori mit voller Gleichberechtigung, praktisch mit einer Berechtigung, deren Tragweite erst noch untersucht werden muss.

§ 2. Die Menschen haben sich bei der Festsetzung der Wertbegriffe, welche den Juristen interessieren, offenbar zunächst an die Thatsache gehalten, dass dasjenige, was die Grundlage des Wertes ausmacht, in bestimmten greifbaren Objekten verkörpert erscheint. Dabei war es gar nicht nötig, den Begriff Energie klar zu besitzen; es genügte, dass das einzelne Ding als Wertobjekt erschien und dass es die Eigenschaft hatte, in handgreiflicher Weise besitzbar zu sein. Diese Besitzbarkeit ist eigentlich das Bestimmende für den populären Begriff der Körperlichkeit. Ein Tisch, ein Haus, ein Pferd oder ein Hobel sind Dinge, die ich greifen kann und von denen ich gleichzeitig das Bewusstsein habe, dass sie für mich einen gewissen Wert besitzen. Weil ich sie greifen kann, nenne ich sie körperlich, ohne mir eine Vorstellung davon zu machen, worauf ihre Körperlichkeit wissenschaftlich beruht, und weil sie Wert besitzen, weil sie zugleich gestohlen oder widerrechtlich okkupiert werden können, verlange ich für sie Rechtsschutz. Als das definierbare, Wert habende Lebensgut erschien daher zunächst das greifbare Ding, die Sache, und an diese knüpfte sich der Eigentumsbegriff und der volle Rechtsschutz. Dass die Sache eben nur als Trägerin von Energie Wert erlangt und hat, das konnte nicht erkannt werden, solange der Begriff der Energie nicht klar durchgebildet war. Und dies ist bekanntlich erst im 19. Jahrhundert geschehen.

Für den ganz naiven Menschen erscheint wohl zunächst nur der feste Körper als vollkommen greifbar und demgemäss auch als vollkommen körperlich. Dass auch eine Flüssigkeit in gewissem Sinne greifbar und demgemäss körperlich sei, wurde wohl bald erkannt. Um sie zu manipuliren, musste man sie in ein Gefäss füllen. Dann erkannte man auch, dass Luft und andere Gase körperlich sind, obgleich die direkte Greifbarkeit bei ihnen auf ein kaum noch merkliches Mass reduziert ist; sie können aber auch in Gefässe eingeschlossen und mit diesen gehandhabt werden. Wenn man will, kann man als ein viertes Körperliches von noch weniger ausgebildeter Greifbarkeit hier die Elektrizität im physikalisch-wissenschaftlichen Sinne des Wortes, also das, was wir im ersten Abschnitt „elektrische Substanz" genannt haben, anreihen. Sie würde nicht in beliebigen Gefässen und Röhren wie ein Gas, sondern nur in isolierenden Umschliessungen, wenigstens zeitweilig manipulierbar und transportierbar sein.

Das römische Recht unterscheidet nun allerdings zwischen körperlichen und unkörperlichen Sachen. Aber wenn man sich die Unterscheidung näher ansieht, bemerkt man sofort, dass sie auf einem ganz anderen Einteilungsprinzip beruht als auf dem, welches oben aus der physikalischen Natur der Verhältnisse gefolgert wurde. Die res incorporales des römischen Rechtes sind Rechte wie Servitute, Erbansprüche etc. Mit einer für den vorliegenden Zweck genügenden Genauigkeit kann man sie als „papierne oder traditionelle Rechte" definieren. Energiewerte als solche sind nach römischem Recht weder res corporales noch incorporales, sondern stehen ganz ausserhalb der Einteilung.

In § 90 des Bürgerlichen Gesetzbuches ist der Begriff der Sache auf seine einfachste und bequemste, aber dürrste Form gebracht; „Sachen im Sinne des Gesetzes sind nur körperliche Gepenstände.“ Da alle Definitionen im letzten Grunde willkürlich sind, kann niemand dem Bürgerlichen Gesetzbuch die Berechtigung abstreiten, seinen Begriff Sache so zu definieren. Und wir acceptieren die Definition desselben. Dann aber folgt nach unseren Auseinandersetzungen: Der volle Rechtsschutz, welchen die moderne Gesetzgebung der Sache zu Teil werden lässt, deckt nicht alles, was Anspruch auf den vollen Rechtsschutz hat. Neben der Sache steht das Phänomen und heischt denselben Rechtsschutz wie jene, und zwar a priori mit demselben Recht wie jene.

§ 3. Es fragt sich nur, ob man den Energiephänomenen eine Eigenschaft zuschreiben kann, welche der körperlichen Greifbarkeit der Sache entspricht und welche wie diese die Möglichkeit bietet, das einzelne Energiephänomen so abzugrenzen, dass es als bestimmtes Objekt für den Besitz und demgemäss für den Diebstahl oder andere Formen der widerrechtlichen Aneignung bezw. Zerstörung hingestellt werden kann. Diese Eigenschaft existiert, sie wurde im zweiten Abschnitt schon erwähnt und heisst „Fassbarkeit“. Wie man die einzelnen Sachen greifen, so kann man unter gewissen Umständen das einzelne Energiephänomen fassen, d. h. man kann es an bestimmte Körper und Lokalitäten binden, sodass es an diesen Lokalitäten ergriffen, besitzbar gemacht und eventuell auch widerrechtlich benutzt oder entwertet werden kann. Zur näheren Verdeutlichung betrachten wir einzelne Fälle:

a) Wasserfälle. Die Fassung eines Wasserfalls erfolgt in bekannter Weise durch Anbringung einer mehr oder weniger vollkommenen Röhrenleitung und eines zugehörigen Wasserrades bezw. einer Turbine. Der Besitzer des Kanals und der Turbine hat praktisch auch die Energieströmung des Wasserfalles in seinem Besitz. Der Wasserfall ist so bestimmt lokalisiert, dass die Benutzung seiner Leistung nur demjenigen zu Gute kommt, der Verfügung über seinen (oberen) Anfang und sein (unteres) Ende hat.

b) Luftströmungen. Dieselben sind so wenig lokalisiert, dass man nicht vom Besitz einer bestimmten Luftströmung sprechen kann, man kann nur vom Besitz desjenigen Apparates, der zur Fassung dient, nämlich der Windmühle sprechen. Ueber ein Besitzrecht an Luftströmungen dürfte daher kaum jemals eine Rechtsfrage entstehen.

c) Energie des Sonnenlichtes. Soweit der Energiestrom des Sonnenlichtes für land- und forstwirtschaftliche Zwecke dient, ist seine Benutzung an den Besitz des Grund und Bodens geknüpft, auf welchem die betreffenden Pflanzen wachsen. Die Nutzung des Sonnenlichtes erscheint daher als Appendix an den Besitz einer Sache, des Grund und Bodens, und sie ist mit demselben so unzertrennlich verknüpft, dass sie mit der Sache geht, mit ihr besessen und verkauft wird. Sie kommt also nur indirekt unter der Form des Grundbesitzes in die rechtliche Erscheinung und bedarf daher hier keiner näheren Betrachtung. Soweit der Energiestrom des Sonnenlichtes zum Betriebe von Maschinen dient, ist er an gewisse klimatische Voraussetzungen und, soweit diese Voraussetzungen erfüllt sind, an den Besitz des Grund und

Bodens und an die Aufstellung der erforderlichen Brennspiegel mit Zubehör geknüpft. Er ist also auch hier so bestimmt an anerkannte Sachen geknüpft, dass er keiner besonderen Betrachtung bedarf.

d) Druckwasser und Druckluft. Diese werden gefasst, indem man sie in Röhrenleitungen einschliesst und in diesen Röhrenleitungen nach dem Gebrauchsorte hinführt. Wer die Verfügung über einen Teil der Röhrenleitung und zugleich einen Motor besitzt, der durch Wasser oder Luft angetrieben werden kann, der hat damit auch die Verfügung über den ihm zugänglichen Energiestrom.

e) Elektrische Energie. Dieselbe verhält sich ganz ähnlich wie Druckwasser und Druckluft. Die Kanäle, in denen die elektrische Energie gefasst wird und strömt, sind die Leitungsdrähte; wer über eine bestimmte Strecke des Leitungsdrahtes verfügt, und innerhalb dieser die erforderlichen Verbrauchsapparate, Motoren, Lampen, anbringt, der hat die Verfügung über den in dem betreffenden Leitungsdraht fliessenden Strom von elektrischer Energie.

f) Energie einer bewegten Maschinerie. In einer bewegten Maschinerie z. B. in einer durch die Wirkung einer Dampfmaschine angetriebenen Transmission lebt in mechanischer Form die Energie der unter dem Dampfkessel verbrannten Kohle. Der Besitzer einer rotierenden Maschinerie besitzt in der That mehr als derjenige, der dieselbe Maschinerie bloss in ruhendem Zustande besitzt. In der rotierenden Maschinerie besitzt er gleichzeitig den Energiestrom, der aus der verbrannten Kohle (oder aus der Turbine etc.) in die Maschinerie hineinfliesst und von dieser an die Werkstücke abgegeben wird. Die Maschinerie ist die Fassung, in welcher diese Energie fortgeleitet und der Nutzbarmachung zugeführt wird.

Hiermit ist die Fassbarkeit der Phänomene für die wichtigsten Fälle erläutert. Mit der Fassbarkeit hängt aufs innigste die Stehlbarkeit zusammen. So wie ich eine Sache dadurch stehlen kann, dass ich mir ihre Greifbarkeit zu Nutze mache und sie widerrechtlich in meinen Besitz überführe, so kann ich ein Phänomen dadurch „stehlen“, dass ich mir seine Fassbarkeit zu Nutze mache und es mittels eines widerrechtlichen Eingriffes in seine Fassung ganz oder teilweise unter meine Verfügung bringe.

§ 4. Betrachten wir diesen Vorgang etwas näher und fügen der Vollständigkeit wegen hinzu, was über die widerrechtliche Aneignung von Sachen zu sagen ist, beantworten also an verschiedenen Beispielen die Frage: Was kann ich mir überhaupt widerrechtlich aneignen, wie geschieht das und wie stellt sich das Recht dazu?

I. Sachen.

a) Formwerte Sachen.

1. Sachdiebstahl. Cajus besitzt einen silbernen Löffel, Titus eignet sich denselben widerrechtlich an[1]) und behält oder verkauft ihn. Der typische Fall des einfachen Sachdiebstahls, der hier nicht näher betrachtet werden braucht.

2. Furtum usus an Formwerten. Auf dem Tisch von Cajus liegt ein Messer, welches Cajus gehört. Titus bittet um die Erlaubnis, dasselbe auf kurze Zeit zu benutzen, dieselbe wird ihm verweigert. Cajus geht fort, Titus be-

---

[1]) Rein juristische Erschwerungen, wie Einbruch etc., kommen hier nicht in Betracht.

nutzt die Gelegenheit, nimmt das Messer von Cajus Tisch, schneidet damit, was er zu schneiden hat und legt das Messer wieder auf den Tisch von Cajus zurück. Typischer Fall des furtum usus, ausgezeichet dadurch, dass der Gegenstand durch den Gebrauch nicht oder nur unmerklich an Wert einbüsst.

b) Verbrauchswerte Sachen. Cajus besitzt eine Dampfkesselanlage und ein zugehöriges Steinkohlenlager. Titus besitzt gleichfalls eine kleine Dampfmaschine, und es fehlt ihm an Heizmaterial. Er entnimmt deswegen Kohlen aus dem Lager von Cajus, und zwar ohne Bezahlung, heimlich und widerrechtlich und heizt damit seinen Kessel. Das ist typischer Sachdiebstahl. Aber wenn man die Sache genauer besieht, so ist es dem Titus eigentlich garnicht um die Kohle zu thun, sondern nur um die Energie, die in der Kohle steckt, und er stiehlt die Kohle nur deshalb, weil die Energie so fest mit der Kohle verknüpft ist, dass er, um die Energie zu erhalten, die Sache, d. h. die Kohle nehmen muss. Es handelt sich also hier schon um eine That, die sich zwar äusserlich als Sachdiebstahl präsentiert, die aber gleichbedeutend mit einem Energiediebstahl in potentia ist, und die nur deshalb als Sachdiebstahl auftritt, weil die Energie im vorliegenden Falle nur mit der Sache transportiert werden kann. Charakteristisch hierfür ist, dass ein vom furtum rei verschiedenes furtum usus im Falle der Steinkohle garnicht möglich ist; denn wenn Titus die Steinkohle gebraucht hat, hat er sie verbrannt und kann sie nicht wieder restituieren. Im Falle der Verbrauchswerte ist das furtum usus identisch mit dem furtum rei.

II. Phänomene.

a) Wir setzen wieder voraus, Cajus besitze eine Dampfkesselanlage nebst zugehörigen Kohlen, Titus habe gleichfalls eine kleine Maschinenanlage, und es fehlen ihm die Mittel, dieselbe zu betreiben. Diesmal aber stiehlt Titus nicht seinem Nachbar die Kohlen, sondern er verfällt auf ein erheblich einfacheres Mittel zur Erreichung seines Zweckes. Es geht nämlich eine Achse der Cajus'schen Maschinerie durch die Wand hindurch, welche das Besitzthum des Cajus von demjenigen des Titus trennt. Titus setzt nun heimlich an diese Achse eine Verlängerung, befestigt auf dem Ansatz eine Riemenscheibe, legt einen Riemen darüber und treibt mit demselben seine Maschinerie. Mit diesem Vorgehen hat Titus sowohl für sich, wie dem Cajus gegenüber genau dasselbe erreicht, wie mit dem unter Ib geschilderten. Er, Titus, erhält umsonst und widerrechtlich die Triebkraft für seine Maschinerie, und Cajus muss, um das Mehr an Energie zu produzieren, welches die Maschinen des Titus erforden, ein gewisses Quantum von Kohle mehr verbrennen. Wenn z. B. Titus täglich 10 Stunden lang 8 HP verbraucht, so muss Cajus, um dieses zu leisten, ein tägliches Mehrquantum von etwa 120 kg Kohlen verfeuern. Titus hat also genau denselben widerrechtlichen Vorteil und Cajus hat genau denselben Nachteil, als ob Titus ihm die Kohle direkt gestohlen hätte.

b) Ein ganz entsprechender Vorgang kann stattfinden, wenn Cajus seine Energie nicht aus Kohle, sondern aus einem natürlichen Energiephänomen, z. B. aus einem Wasserfall entnimmt. Titus kann dann gerade so verfahren wie oben bei der Dampfmaschine. Er kann clam und furtim an eine Axe der Cajusschen Maschinerie eine Riemenscheibe mit Treibriemen setzen und kann mit diesem seine eigene Maschinerie betreiben. Dann bekommt er wieder Energie auf Kosten des Cajus, ohne dafür zu bezahlen.

Er kann aber auch auf andere Weise verfahren. Er kann nämlich in die Fassung, mit deren Hülfe Cajus sich den Wasserfall dienstbar gemacht hat, oben und unten je ein Loch bohren, kann oben ein gewisses Quantum Wasser pro Sekunde aus derselben entnehmen und es unten wieder hineinlaufen lassen. Indem aber Titus dieses oben entnommene und unten wieder abgelieferte Wasser durch sein eigenes Haus führt, kann er mit demselben heimlich eine Turbine betreiben und von dieser aus seine Maschinerie in Bewegung setzen. Titus entwendet in diesem Falle nicht die Sache, das Wasser, denn er liefert es ja am unteren Ende der Leitung wieder ab, wohl aber entwendet er die Energie, die dieses Wasser an seiner, des Titus, Turbine thut. Wenn z. B. diese Turbine heimlich und widerrechtlich 10 Stunden lang mit 10 Pferdekräften arbeitet, so entwendet Titus dem Cajus 100 Pferdekraftstunden, oder, was dasselbe heisst, 27 000 000 kgm. Auch hier kann der sachliche Wert dieser Energie in Kohle beziffert werden: Wenn Cajus soweit mit Arbeit besetzt ist, dass er die volle Leistung seiner Turbine ausnutzen muss, so wird er genötigt sein, für die 100 Pferdekraftstunden, welche ihm täglich fehlen, eine Dampfmaschine aufzustellen und unter dem Kessel dieser Dampfmaschine ca. 150 kg Kohlen täglich zu verbrennen. Die widerrechtliche Aneignung, welche Titus vorgenommen hat, hat also in letzter Linie für Cajus denselben Effekt, als ob Titus ihm die äquivalente Kohlenmenge gestohlen hätte.

c) Genau wie ein Wasserfall verhält sich eine stromdurchflossene elektrische Leitung, nur dass bei dieser in vielen Fällen die Beziehung zur verbrannten Kohle direkt hervortritt. Cajus besitzt eine elektrische Leitung, zwischen deren Enden eine bestimmte Spannung besteht. Titus führt heimlich einen Draht von einem Punkte A dieser Leitung zu einem zweiten Punkte B, wobei zwischen A und B eine Spannung von sagen wir 80 Volt besteht. Dann fliesst durch die widerrechtlich angelegte Leitung des Titus ein Strom, den Titus benutzen kann, um seine Räume zu beleuchten oder um elektrische Motoren damit zu treiben. In beiden Fällen macht er sich täglich eine gewisse Menge von elektrischer Energie widerrechtlich zu Nutze. Wenn er z. B. einen Strom von 18 Ampère zehn Stunden lang benutzt, so entwendet er 14400 Wattstunden im Tage. Die Erzeugung dieser Wattstunden kostet je nach der Güte der Maschinerie rund 30 bis 50 kg Kohle täglich, und um diesen Betrag wird Cajus geschädigt.

Der elektrische Strom besitzt vermöge seiner Fernwirkungen die Eigentümlichkeit, dass es nicht einmal immer nötig ist, einen Draht A B, wie das im vorigen Beispiel angenommen wurde, direkt an die Leitung des Cajus anzuschliessen; unter Umständen kann Titus sich auch einen Teil der Energie des Cajus dadurch aneignen, dass er die Fernwirkungen der Elektrizität in eigens dazu aufgestellten Apparaten für sich nutzbar macht. Auf die Technik dieses Vorgehens braucht hier nicht eingegangen werden, es genügt zu bemerken, dass in allen Fällen diejenige Energie, welche Titus dem Cajus widerrechtlich entzieht, von letzterem in Form verausgabter Kohle bezahlt werden muss.

Bekanntlich wird elektrische Energie heutzutage vielfach gegen Bezahlung von einer Centrale aus an zahlreiche Klienten abgegeben. Es ist nur eine Modifikation des Vorstehenden, wenn einer der Klienten heimlich einen Draht vor dem Elektrizitätszähler anschliesst und damit einen Energiestrom widerrechtlich sich aneignet und die Bezahlung umgeht.

d) Endlich kann in ganz analoger Weise Energie aus einer Druckwasser- oder Druckluftleitung entwendet werden, indem Titus heimlich ein Zweigrohr an die dem Cajus gehörige Wasser- oder Druckluftleitung setzt. Der Vorgang ist dem in vorstehendem Beispiel aufgeführten so vollständig analog, dass ein näheres Eingehen wohl überflüssig ist. Es ist aber zweckmässig, hier noch einmal ausdrücklich hervorzuheben, dass derjenige, der widerrechtlich Energie aus einer Druckwasserleitung entnimmt, nicht nötig hat, die Sache, das Wasser, selbst zu stehlen. Er kann das Wasser ganz regelrecht wieder in die allgemeine Wasserleitung zurücklaufen lassen, restituiert also die Sache, nachdem er ihr den Energiewert entzogen hat.

§ 5. Dem Sachdiebstahl steht als verwandtes Delikt die böswillige Sachbeschädigung gegenüber. Ganz analog kann man die Energie von Phänomenen nicht bloss sich widerrechtlich aneignen, sondern man kann sie auch böswillig e n t w e r t e n. Die hier auftretenden Fälle, welche den im vorstehenden unter IIa, b, c und d berührten entsprechen, sind folgende:

a) Titus setzt wie vorhin heimlich eine Riemenscheibe an die Maschinerie von Cajus. Anstatt aber die Energie, welche er aus dieser Riemenscheibe entnimmt, für sich selbst nutzbar zu machen, setzt er an die Riemenscheibe eine Bremse. Dann verwandelt sich die Energie, welche der Riemenscheibe entnommen wird, in Wärme (Riemenscheibe und Bremse werden warm), und diese Wärme wird nutzlos zerstreut. Cajus aber muss nach wie vor das entsprechende Mehrquantum von Kohle verheizen, welches dazu dient, den Reibungswiderstand der Bremse zu überwinden. Die Energie, welche in die Bremse geht, ist dann böswillig entwertet.

b) Titus kann genau dasselbe thun, wenn die Maschinerie des Cajus nicht mit Dampf, sondern mit Wasser betrieben wird. Er kann aber in diesem Falle auch anders verfahren. Er kann wie vorhin oben und unten je ein Loch in den Kanal des Cajus bohren, kann zwischen diesen beiden Bohrstellen eine Nebenleitung anlegen und das Wasser durch diese Nebenleitung einfach ablaufen lassen. Dann wird die Energie desjenigen Wassers, welches durch diese Nebenleitung geht, nicht verwertet, sondern einfach nutzlos gemacht, also ist auch dies ein Fall von böswilliger Entwertung der Energie.

c) Genau so wie bei einem Wasserfall kann man auch bei einer Leitung für Druckwasser oder Druckluft Energie entwerten, indem man das Wasser oder die komprimierte Luft durch Nebenleitungen führt, in welchen sich ihre Energie durch blosse Reibung erschöpft, ohne eine nutzbare Arbeit zu leisten.

d) Endlich ist dasselbe in der einfachsten Weise für elektrische Energie möglich. Zwischen den beiden Punkten A und B der im Besitz des Cajus befindlichen Leitung, von denen vorhin die Rede war, braucht Titus nur eine Drahtverbindung zu ziehen und in diese Drahtverbindung einen leerlaufenden Motor oder einen blossen Drahtwiderstand einzuschalten; wird ein leerlaufender Motor eingeschaltet, so erschöpft sich der in den Draht gehende Anteil der elektrischen Energie an der Reibung des Motors, wird ein Drahtwiderstand eingeschaltet, so setzt sich die elektrische Energie in diesem Widerstand in Wärme um, und soweit diese Wärme nicht benutzt wird, ist die elektrische Energie nutzlos aufgewendet und in eine unbenutzbare Form gebracht, also entwertet.

§ 6. Die Beispiele genügen. Wie stellt sich nun das Recht zu der Frage des Phänomenschutzes?

Bis zum 9. April 1900 erfreute sich im deutschen Rechte nur die Sache des vollen Rechtsschutzes: Der Sachdiebstahl und die böswillige Sachbeschädigung waren mit gesetzlichen Strafen belegt. Die widerrechtliche Aneignung von Phänomenwerten dagegen fiel unter den Begriff furtum usus, war nicht strafbar, und für die böswillige Entwertung von Energieströmungen fehlte meines Wissens überhaupt der rechtliche Begriff. Das Gesetz vom 9. April 1900 hat hier einen prinzipiellen Wandel geschaffen: Es hat die widerrechtliche Aneignung elektrischer Energie unter Strafe gestellt, hat den Begriff der widerrechtlichen Entwertung von elektrischer Energie eingeführt und hat auch diese Entwertung als strafbares Delikt charakterisiert.

Man kann hier die Frage aufwerfen, weshalb gerade die Elektrizität bevorzugt und die elektrische Energie vor allen anderen Energieformen annähernd auf gleiche Stufe mit der „Sache" gestellt wurde. Die naheliegende Antwort „Weil die Elektriker für ihr Wertphänomen mit besonderem Nachdruck den vollen Rechtsschutz verlangt haben" genügt nicht; denn an sie knüpft sich die weitere Frage, weshalb denn gerade die Elektriker in die Lage kamen, ihrem Wunsche besonderen Nachdruck verleihen zu müssen. Die eigentliche Antwort, die auch zugleich das Verhalten der Elektriker begründet, ist die folgende: Unter allen Phänomenwerten ist die elektrische Energie am leichtesten zu fassen. Um sie zu fassen genügt es, zwischen irgend zwei Punkten von verschiedener Spannung einen Draht zu ziehen und, wenn man will, in diesen Draht die Gebrauchsapparate einzuschalten. Dann strömt die elektrische Energie von selbst durch diesen Draht und leistet an den Gebrauchsapparaten das Gewünschte. Deswegen kann die elektische Energie der Verfügung am bequemsten zugänglich gemacht und deswegen kann sie auch am leichtesten „gestohlen" werden und hat zuerst den vollen Rechtsschutz reklamiert.

Es haben aber offenbar alle diejenigen Energieformen, welche in Gestalt von Phänomenwerten auftreten, genau dasselbe Recht auf Schutz wie die elektrische Energie. Der Mann, welcher aus dem elektrischen Leitungsnetz des Cajus widerrechtlich Strom entnimmt, um dessen Energie zu benutzen oder zu entwerten, fügt dem Cajus einen Schaden zu, der sich in aufgewendeter Steinkohle beziffern lässt. Aber der Mann, welcher an die Maschinerie des Cajus heimlich eine Riemenscheibe ansetzt und aus dieser mechanische Energie zu seinem Nutzen entnimmt, bezw. böswillig entwertet, fügt dem Cajus genau denselben in Steinkohlen bezifferbaren Schaden zu, und dasselbe thut auch der Delinquent, der aus einer dem Cajus gehörigen Druckwasser- oder Druckluftleitung Wasser, bezw. komprimierte Luft entnimmt und sie heimlich arbeiten oder auch unbenutzt in die Leitung zurückströmen lässt. Widerrechtliche Aneignungen oder Entwertungen von Energie sind Thaten von gleicher Art, ganz einerlei, ob die Energie elektrischer oder mechanischer Natur ist, und nachdem durch das Gesetz vom 9. April 1900 der volle Rechtsschutz für eine bestimmte Art von energetischen Wertphänomenen einmal eingeführt ist, wird man mit Notwendigkeit auf die Konsequenz hingewiesen, dass alle energetischen Wertphänomene den gleichen Anspruch auf Rechtsschutz haben.

Die oben angeführten Fälle von widerrechtlicher Aneignung bezw. Entwertung der Energie sind konstruiert. Ein Teil derselben dürfte z. Z. kaum praktische Bedeutung haben. Es wird nicht leicht vorkommen, dass jemand an die Maschinerie eines anderen eine Riemenscheibe ansetzt und an dieser eine Bremse anbringt, bloss um dem anderen einen Schaden zuzufügen; das Mittel ist zu grob und zu leicht erkennbar. Wohl aber dürften Fälle vorkommen wie die widerrechtliche Benutzung einer rotierenden Transmission, das Anbohren einer Druckwasser- oder Druckluftleitung, um sich durch Abzweigung einer heimlichen Leitung den Vermögensvorteil einer unbezahlten Energieströmung zu verschaffen. Und wenn solche Fälle jemals an die Gerichte kommen, so wird voraussichtlich dasselbe Durcheinander in den juristischen Auffassungen zum Vorschein kommen, welches sich vor dem April 1900 bereits in Sachen der widerrechtlichen Entziehung von elektrischer Arbeit geltend machte. Die richterlichen Entscheidungen treten miteinander in Widerspruch, und die wissenschaftliche Doktrin zerfährt, indem die That von dem einen unter Betrug, vom anderen unter Diebstahl, vom dritten unter Sachbeschädigung subsummiert wird, während der vierte seine Ansicht dahin ausspricht, dass weder Betrug, noch Diebstahl, noch Sachbeschädigung vorliege.

Wir haben diese Erscheinung des Zerfahrens bei der Beurteilung der widerrechtlichen Aneignung von elektrischer Energie vor dem April 1900 in höchst charakteristischer Weise erlebt, und auf Grund unserer Untersuchung können wir behaupten, dass sie garnicht zu vermeiden war. Die Juristen hatten mit einem Gegenstande zu thun, der in der Jurisprudenz nicht vorgesehen war und deswegen in der üblichen Einteilung überhaupt nicht berücksichtigt werden konnte. Das Recht kannte im Grunde nur Wertsachen und ignorierte die Wertphänomene; kein Wunder, dass seine Einteilungsprinzipien versagten von dem Augenblick an, wo die Delikte an Phänomenen begangen wurden.

Im Strafrecht äusserte sich bis zum April 1900 die Nichtberücksichtigung der Phänomene ganz wesentlich in der Straflosigkeit des furtum usus. Nach unseren Auseinandersetzungen ist diese Straflosigkeit berechtigt in einem Falle, nämlich beim furtum usus an formwerten Sachen, und zwar liegt ihre Berechtigung darin, dass die formwerte Sache durch den gelegentlichen usus nicht wesentlich an Wert verliert.

Dagegen zeigt sich schon an verbrauchswerten Sachen, dass das furtum usus dem furtum rei vollständig äquivalent ist da, wo die Sache durch den Gebrauch konsumiert wird. Wer Steinkohlen oder Nahrungsmittel gebrauchen will, der kann den Gebrauch nicht stehlen, ohne zugleich die Sache zu stehlen und kann die Sache nicht restituieren, nachdem er sie gebraucht hat.

Die Begriffe des furtum rei und furtum usus versagen vollständig, sobald es sich um Wertphänomene handelt. Hier giebt es überhaupt kein furtum rei, denn es ist nicht die Sache an sich, die einen Wert hat, sondern es giebt ein furtum phänomeni, und wer den usus stiehlt, der stiehlt zugleich mit Notwendigkeit das Phänomen, weil das Phänomen das unmittelbar Brauchbare ist.

§ 7. Wenn man also ein Einteilungsprinzip erhalten will, welches alle geldwerten Lebensgüter nach Massgabe ihrer inneren Berechtigung dem Rechtsschutz unterwirft, so muss man anerkennen, dass die besondere Begünstigung der Sache in der Jurisprudenz auf veralteten Begriffen beruht und dass sie dem öffentlichen Rechtsbewusstsein schon jetzt nicht mehr genügt. Man muss sich also entschliessen, für die Lebensgüter diejenige Einteilung zur Anwendung zu bringen, welche nach dem Obigen aus der Natur der Dinge selbst hervorgeht: Das Recht hat zu schützen erstens Sachen, zweitens Phänomene, insbesondere muss es die Strafthaten unter direkter Berücksichtigung der Wertphänomene klassifizieren. Man erhält dann Strafthaten, die an Sachen, und solche, die an Phänomenen begangen werden, und man gelangt zu folgender Liste von möglichen Strafthaten:

a) Formwerte Sachen. Widerrechtliche Aneignung der ganzen Sache — Diebstahl schlechthin.

Böswillige Beschädigung — Sachbeschädigung.

Widerrechtliche vorübergehende Entlehnung zum Gebrauch mit nachfolgender Rückerstattung — furtum usus, welches in diesem Falle einer milderen Beurteilung unterliegen kann, weil die Sache selbst wenigstens prinzipiell durch den Gebrauch nicht deterioriert wird.

b) Verbrauchswerte Sachen. Diebstahl und Sachbeschädigung wie unter a. Das furtum usus fällt, da die Sache selbst durch den Gebrauch verschwindet, mit dem furtum rei zusammen und bedarf keiner besonderen Berüchsichtigung.

c) Phänomene. Hier giebt es kein furtum rei, sondern ein furtum phänomeni; dies entspricht seinem Inhalte nach dem Sachdiebstahl, da das Phänomen direkt brauchbar ist und sein ganzer Wert eben im Gebrauch besteht.

Der Sachbeschädigung entspricht hier die böswillige Entwertung des Phänomens.

Man überzeugt sich leicht, dass der sogenannte Elektrizitätsdiebstahl, wenn diese Einteilung vor 1900 vorhanden gewesen wäre, niemals Schwierigkeiten gemacht haben würde, und dasselbe gilt für etwaige künftige Fälle von widerrechtlicher Aneignung oder Entwertung nichtelektrischer Energie.

Der Weg, der vom blossen Sachschutz zum Schutz der Energiewerte überhaupt, also auch der Phänomenwerte führt, ist mit dem Gesetz vom 9. April 1900 betreten. Die vorstehende Untersuchung gipfelt in dem Satz, dass er mit der Zeit dazu führen muss, den Energiewerten überhaupt ohne Unterschied der Form den vollen Rechtsschutz zu gewähren.

Zeitfracht Medien GmbH
Ferdinand-Jühlke-Straße 7
99095 Erfurt, Deutschland
produktsicherheit@kolibri360.de